Modeling and Applications
of Modular Multilevel Converters

模块化多电平换流器
建模及应用

李可军 刘智杰 著

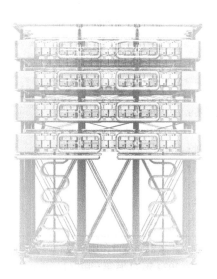

中国电力出版社
CHINA ELECTRIC POWER PRESS

内 容 提 要

本书以模块化多电平换流器为研究对象，创新性地提出了模块化多电平换流器广义数学模型、基于动态调制比的过调制风险分析方法、换流器桥臂直流参考量动态优化技术等，阐述了模块化多电平换流器在数学模型构建、主电路参数选型、运行风险评估、风力发电应用等方面的最新进展。全书共分为七章，主要内容包括柔性直流换流器特点与应用、模块化多电平换流器的广义稳态分析模型、模块化多电平换流器的子模块电容参数优化、模块化多电平换流器过调制风险评估、基于桥臂直流参考量动态调控的模块化多电平换流器优化策略、模块化多电平换流器的预充电控制策略、基于模块化多电平拓扑的风力发电能量变换系统。

本书立意新颖，内容丰富，既可作为高等院校电气工程专业研究生教材，也可作为从事模块化多电平换流器研究的科研人员与相关工程技术人员的参考用书。

图书在版编目（CIP）数据

模块化多电平换流器建模及应用 / 李可军等著.
北京：中国电力出版社，2024. 9. --ISBN 978-7-5198
-9320-0

Ⅰ. TM464

中国国家版本馆 CIP 数据核字第 20240GJ628 号

出版发行：中国电力出版社
地　　址：北京市东城区北京站西街 19 号（邮政编码 100005）
网　　址：http://www.cepp.sgcc.com.cn
责任编辑：张　旻（010-63412536）
责任校对：黄　蓓　常燕昆
装帧设计：赵丽媛
责任印制：吴　迪

印　　刷：北京锦鸿盛世印刷科技有限公司
版　　次：2024 年 11 月第一版
印　　次：2024 年 11 月北京第一次印刷
开　　本：787 毫米×1092 毫米　16 开本
印　　张：9.25
字　　数：197 千字
定　　价：79.80 元

前　言

随着风能、太阳能等可再生能源的快速发展，在可再生能源并网、高压直流输电等方面对换流器提出了新的需求。模块化多电平换流器（Modular Multilevel Converter，MMC）作为一种新型电压源型换流器拓扑结构，引发了学术界与工业界的广泛关注。其独特优势在于避免了半导体开关器件的直接连接，输出波形质量高，且具备强大的子模块故障处理能力，因此对其开展深入研究具备重要的理论和实践意义，有望为现代电网的发展提供新的动力。在此背景下，本书以模块化多电平换流器为研究对象，创新性地提出了广义稳态数学模型，在该理论框架下提出了基于动态调制比的过调制风险分析方法、换流器桥臂直流参考量动态优化技术等，阐述了模块化多电平换流器在数学模型构建、主电路参数选型、运行风险评估、风力发电应用等方面的最新进展。

本书共 7 章。第 1 章介绍了模块化多电平换流器的发展历程、基本特点以及实际的工程应用。第 2 章构建了模块化多电平换流器的广义稳态分析模型，与传统模型进行对比并验证了提出的广义稳态数学模型的准确性。第 3 章基于构建的广义稳态模型，研究子模块电容的参数选取，提出一种子模块电容电压的简化计算方法。第 4 章针对模块化多电平换流器的过调制风险评估进行研究，提出动态调制比的概念，并提出基于动态调制比的过调制风险评估方法。第 5 章考虑平均电容电压控制与桥臂直流参考量的可调节性，围绕模块化多电平变换器电容需求降低开展研究，分析桥臂直流参考量动态调控对 MMC 稳态运行的影响，提出了一种基于桥臂直流参考量动态调控的子模块电容需求降低方法。第 6 章针对 MMC 启动时出现的过流现象，对 MMC 的启动过程、充电等效电路及预充电控制策略等方面展开研究。第 7 章提出了一种基于永磁直驱风电变流器的 MMC 的稳态分析方法，分析循环电流二次谐波分量注入对 MMC 子模块电容电压纹波的影响，提出了一种能显著降低子模块电容电压纹波的恒电容电压纹波控制方法。

本书是山东大学李可军教授、刘智杰副研究员在模块化多电平换流器运行与控制领域多年研究工作的基础上完成的，参与本书撰写工作的还有部分研究生：王梓琛、窦金鑫、匡玉祥、刘文涛、钱建行、郭忠霖、李良子等。本书的完成离不开前人所做的贡献，在此对本书所参考的有关书籍、期刊等内容的作者表示感谢。

本书的研究工作得到了国家自然科学基金项目"数据与知识联合驱动的交直流配用电

系统智能态势感知与协同优化理论及方法"（U2166202）、宽范围运行 MMC 的内部能量动态优化机理与方法研究（52207212）、模块化多电平海上风电换流站的轻量化优化原理与方法研究（ZR2021QE158）的资助，在此表示感谢！

限于作者水平，书中难免会有疏漏之处，恳请广大同行、读者不吝指正。

作者

2024 年 8 月于山东大学千佛山校区

主要物理量符号表

变量名称	解释
L_m	桥臂电抗器
R_m	桥臂等效损耗
L_t	交流侧变压器等效电抗
R_t	交流侧变压器等效损耗
N	桥臂子模块个数
C_{SM}	子模块电容值
U_{dc}, I_{dc}	直流侧电压、电流
f	基波频率
ω	基波角频率
S	换流器视在功率
φ	功率因数角
P	换流器输出有功功率
Q	换流器输出无功功率
$u_j(t)$	交流侧 $j(j=a,b,c)$ 相的相电压
U_s	交流系统相电压的幅值
$i_j(t)$	交流侧 $j(j=a,b,c)$ 相的相电流
$I_{s,k\omega}$	交流侧相电流输出第 $k(k=1,3,\cdots)$ 次谐波的幅值
β_k	交流侧相电流输出第 $k(k=1,3,\cdots)$ 次谐波的相角
$i_{jp}(t)$, $i_{jn}(t)$	$j(j=a,b,c)$ 相上、下桥臂电流
$u_{jp}(t)$, $u_{jn}(t)$	$j(j=a,b,c)$ 相上、下桥臂电压
$U_{arm,0}$	桥臂电压直流分量
$u_{arm,k\omega}(t)$	桥臂电压中的第 k 次谐波分量
$G^i_{jp}(t)$, $G^i_{jn}(t)$	$j(j=a,b,c)$ 相上下桥臂中第 i ($i=1\sim N$) 个子模块的触发脉冲
$u^i_{cap,jp}(t)$, $u^i_{cap,jn}(t)$	$j(j=a,b,c)$ 相上、下桥臂第 i 个子模块的电容电压
$u_{cap,jp}(t)$, $u_{cap,jn}(t)$	$j(j=a,b,c)$ 相上、下桥臂子模块的电容电压
$U^i_{cjp,0}(t)$, $U^i_{cjn,0}(t)$	$j(j=a,b,c)$ 相上、下桥臂第 i 个子模块电容电压的直流分量
$U_{cap,0}$	子模块电容电压的直流分量
$u_{cap,k\omega}(t)$	电容电压中的 k 次谐波
$i^i_{cap,jp}(t)$, $i^i_{cap,jn}(t)$	$j(j=a,b,c)$ 相上、下桥臂中第 i 个子模块的电容电流
$i_{cap,jp}(t)$, $i_{cap,jn}(t)$	$j(j=a,b,c)$ 相上、下桥臂中子模块的电容电流
$I_{cap,0}$	电容电流的直流分量
$u_{SM,jp}(t)$, $u_{SM,jn}(t)$	$j(j=a,b,c)$ 相上、下桥臂子模块输出电压

变量名称	解释
$i_{cir,j}$	$j(j=a,b,c)$相桥臂环流
$I_{c,0}$	环流中的直流分量
$I_{c,k\omega}$	环流中第$k(k=2,4,\cdots)$次谐波的幅值
θ_{ck}	环流中第$k(k=2,4,\cdots)$次谐波的相角
$S_{jp}(t)$, $S_{jn}(t)$	$j(j=a,b,c)$相上下桥臂的调制信号
A_0	桥臂调制信号中直流分量的幅值
$S_{m,k\omega}(t)$	桥臂调制信号中的第k次谐波
A_k	桥臂调制信号中的第k次谐波幅值
α_k	桥臂调制信号中的第k次谐波相角
M_{max}	MMC 桥臂调制信号的最大值
M_{min}	MMC 桥臂调制信号的最小值
$P_{loss,a}$	换流器 A 相的损耗
$V_{c,p}$	电容电压峰值
$V_{c,v}$	电容电压谷值
V_{ripple}	电容电压波动幅度
$V_{allow,p}$, $V_{allow,rip}$	$V_{c,p}$ 和 V_{ripple} 的最大允许值
ΔE_{arm}	桥臂能量的波动幅度
ε	电容电压波动率
V_{rated}	电容电压额定值
S_{rated}	视在功率额定值
$S_{T,j}(t)$	两电平换流器中$j(j=a,b,c)$相的调制信号
A_T	两电平换流器中调制信号的幅值
α_{sT}	两电平换流器中 A 相调制信号的相角
$e_{T,j}(t)$	两电平换流器中$j(j=a,b,c)$相的电动势
E_T	两电平换流器中电动势的幅值
α_{eT}	两电平换流器中 A 相电动势的相角
$M_{T,ratio}$	两电平换流器的调制比
$e_{MMC,j}(t)$	MMC 中$j(j=a,b,c)$相的电动势
$e_{MMC,1\omega}(t)$	$e_{MMC,a}(t)$中的基波分量
E_{MMC}	MMC 电动势中基波分量的幅值
M_{ratio}	MMC 的调制比
$\sigma[e_{MMC,j}]$	由于电容电压波动在$e_{MMC,j}(t)$中引入的分量
$\{\sigma[e_{MMC,a}]\}_{1\omega}$	$\sigma[e_{MMC,a}]$中的基波分量
$E_{\sigma 1\omega}$	$\{\sigma[e_{MMC,a}]\}_{1\omega}$ 的幅值
$\alpha_{\sigma 1\omega}$	$\{\sigma[e_{MMC,a}]\}_{1\omega}$ 的相角
M_{dyn}	动态调制比
$u_{ref,jp}(t)$, $u_{ref,jn}(t)$	$j(j=a,b,c)$相上、下桥臂参考电压

变量名称	解释
$U_{ref,dc}$	桥臂参考电压直流分量
$u_{ref,1\omega}(t)$	桥臂参考电压基波分量
B_1	桥臂参考电压基波分量幅值
$u_{ref,2\omega}(t)$	桥臂参考电压二倍频分量
B_2	桥臂参考电压二倍频分量幅值
$U_{c,avg}$	平均电容电压
T_n, D_n	开关名称，二极管名称
$U_{c\_stage1}, U_{c\_stage2}$	不可控预充电结束时电容器电压，电容器额定电压
R_0	限流电阻
U_L	交流电网线电压
I_{ch_max}	充电过程的最大相电流（阶段二）
X_{ch}	充电电路的最小电抗
k_1	安全系数
I_{rated_m}	额定线电流的峰值
$Line\_p, Line\_n$	正负母线
u_{Line_p}	正母线电压
t_1	模式 1 的初始时刻
φ_{ua1}, I_{a1}	t_1 时 A 相电压的相位角，初始电流值
τ	时间常数
φ_{z1}, Z_1	模式 1 时的阻抗角，阻抗
t_2	模式 2 的初始时刻
$i_{aj}(t)$	模式 j（j=1,2）可控充电阶段 A 相上桥臂充电电流
I_{a2}, φ_{uab2}	模式 2 的初始时刻电流值，线电压的相位角
T_c	载波周期
f_{ac}, f_c	电网频率，载波频率
d	占空比
T_{eff}	模式 1 中的有效充电时间
A_s	风叶覆盖面积
C_p	功率系数
$i_d(t)$、$i_q(t)$	d、q 轴电流
i_{sm}	子模块电流
u_{sm}	子模块电压
L_d、L_q	d 轴、q 轴同步电感
P_m	风机的机械功率
p	极对数
T_m	机械转矩
T_e	电磁转矩

变量名称	解释
$\Delta u_{cap}(t)$	电容电压波动分量
v_{wind}、V	风速、气流运动速度
ω_m	转子机械角速度
ω_{mmc}	MMC 的角速度
ω_r	转子电角速度
γ	交流侧输出电压相角
β_{pit}	桨距角
λ_m	永磁体产生的最大磁通量
λ	叶尖速比
λ_{opt}	最佳叶尖速比
r_{wind}	风轮半径
ρ	空气质量密度
m	质量
E、E_{air}	气流动能、单位时间内通过风轮的气体动能
P_{air}	通过风轮空气中的功率
n	风轮的转速
$i_{cir.inj}$	注入循环电流的二次谐波分量

目　录

第1章

柔性直流换流器特点与应用

能源危机是 21 世纪人类所面临的最严峻问题之一。一直以来能源都与世界各国的经济发展、政局稳定、社会和谐等方面息息相关。工业革命巨大地推动了人类社会的发展进程，但也使能源消耗的速度与日俱增。尤其是进入 21 世纪后，能源供应趋紧逐渐成为全球性的态势，解决不断增长的能源需求与可持续发展之间的矛盾，成为所有国家的共同目标。

目前能源消耗以化石能源为主。以我国为例，2018 年全国一次能源消费总量为 46.4 亿吨标准煤，其中化石能源消费占比为 85.7%，尽管较 2011 年降低了 5.9 个百分点，但化石能源仍然在能源消费类型中占主要地位。化石能源具有不可再生性，随着人类对能源需求的增长和持续的大规模开采，若不转变能源利用方式，可以预见化石能源的枯竭将势必到来。此外化石能源燃烧会释放二氧化碳，是人为二氧化碳排放的主要来源之一，这给低碳化发展带来极大的压力。以风能和太阳能为代表的可再生能源是解决能源危机、实现能源结构向低碳化转型的有效手段。近年来，风力发电和太阳能光伏发电成本的显著下降以及相关发电技术的突飞猛进，也表明其可以在全球电力系统中扮演重要角色。但是风能和太阳能为间歇性能源，并受天气变化的影响。新能源大规模入网将给电力系统的安全性和稳定性带来较大影响。此外风能和光能的利用受地理位置限制严重，且资源丰富的地区常远离能源需求的主要区域，这给新能源的开发和利用带来困难。

电压源型换流器（Voltage Source Converter，VSC）相关电力电子技术的发展和应用被认为是解决大量新能源并网所引起问题的关键，其相关研究以及工程实践得到了广泛关注。应用的典型代表即为基于电压源型换流器的高压直流输电（Voltage Source Converter based High Voltage Direct Current Transmission，VSC-HVDC）技术。VSC-HVDC 系统可在其运行域内独立地控制有功功率和无功功率的输出，并可快速地实现潮流反转，控制形式的灵活多样使其满足应对新能源功率波动的要求；该技术还可用于向弱电网系统或无源系统供电且无须火电机组支撑。此外由于在长距离输电和海底电缆输电的情景中，直流输电系统相较于交流输电系统具有传输电量大、能量损耗小、稳态运行时无电容电流、可非同步互联等优势，因此 VSC-HVDC 技术克服了远距离交流输电的局限性，成为远海风电场连接陆地主电网的理想选择。然而，传统的电压源型换流器为两电平或三电平拓扑结构，其优点是主电路结构简单、控制系统较易实现，但也存在耐压能力低、开关损耗大、谐波含量高等诸多不足。

模块化多电平换流器（Modular Multilevel Converter，MMC）与传统两电平或三电平换流器相比，其具有：①避免了半导体开关器件的直接连接；②输出波形质量高、谐波含量小；③开关频率低、换流器损耗小；④模块化结构易拓展；⑤子模块故障处理能力强等优点。近年来受到学术界和工业界的广泛关注。MMC 在柔性直流输电、海上风电场并网、中压电机驱动、异步电网互联、无源孤岛送电等诸多应用场景都具有广阔的应用前景。因此，开展 MMC 的相关研究具有重要的理论和现实意义，将对现代电网的新形态发展产生深远影响。

1.1 电压源型换流器的发展概述

伴随着电力电子技术的发展，以全控型半导体器件为基础的电压源型换流器应运而生。其发展经历了多次技术上的革新，主要推动力是组成换流器的基本元件发生了革命性的巨大突破。20 世纪 20 年代可控汞弧阀与 1954 年第一个直流输电工程瑞典 Gotland 岛直流输电工程投入商业运行标志着直流输电技术的诞生。但由于汞弧阀的制造工艺复杂以及故障率高等问题，此时的换流器无法进行大规模推广。

20 世纪 70 年代初，可控晶闸管阀开始应用于交直流系统换流器，其制造工艺比可控汞弧阀更为简单，运营维护也更加容易。然而此时的换流器仍使用 6 脉动 Graetz 桥，因此其换流理论仍与汞弧阀相同。采用可控晶闸管技术的换流器系统也存在着自身不可克服的缺点，首先基于可控晶闸管技术的换流器系统易受互联两端的交流电网强度影响；其次，基于可控晶闸管技术的换流器系统在运行时需要吸收大量无功功率，且有功功率与无功功率之间难以解耦；此外，此时的换流器存在着输出电压电流谐波含量高的问题，因此在投入使用时还需要配置大量滤波设备，且需要对换相失败问题进行处理。

20 世纪 90 年代初，可控关断器件和脉冲宽度调制（PWM）技术的应用将电力电子技术带入新的发展阶段，出现了全控型半导体，如绝缘栅双极型晶体管（IGBT）、集成门极换向晶闸管（IGCT）、门极关断晶闸管（GTO）以及以碳化硅为代表的宽禁带器件。1990 年，加拿大 McGill 大学的 Boon-Teck Ooi 等人提出了基于电压源型换流器（Voltage Source Converter，VSC）的直流输电系统。在此基础上，ABB 公司将电压源型变换器与聚合物电缆结合为轻型直流输电系统，并于 1997 年瑞典中部的 Hellsjon 进行了首次工业性试验。

从 20 世纪 90 年代到 2010 年，基于电压源型变流器的直流输电技术被 ABB 公司垄断。由于 ABB 公司采用两电平与三电平换流器，因此，在此期间所投运的 VSC-HVDC 工程以两电平与三电平换流器为主。如表 1-1 所示，20 世纪末到 2009 年全世界已建造了多个基于电压源型换流器的直流工程，该技术已在风电场并网、电网互联、孤岛和弱电网供电、沿海城市供电等场景中发挥了重要的作用。

表 1-1　　　　　20 世纪末到 2009 年已投运的直流输电工程（部分）

年份	建造国家	工程名称	主要用途	直流电压（kV）	额定容量（MW）	拓扑
1997	瑞典	Hallsjon	试验	±10	3	两电平
1999	瑞典	Gotland	风电并网	±80	50	两电平

年份	建造国家	工程名称	主要用途	直流电压（kV）	额定容量（MW）	拓扑
2000	澳大利亚	Directlink	电力交易	±80	180	两电平
2000	丹麦	Tjaereborg	风电并网	±9	7.2	两电平
2000	美国-墨西哥	Eagle Pass	电力交易	±15.9	36	三电平
2002	美国	Cross Sound	电力交易	±150	330	三电平
2002	澳大利亚	Murray Link	电力交易	±150	220	三电平
2005	挪威	Troll A	钻井供电	±60	82	两电平
2006	芬兰-爱沙尼亚	Estlink	系统互联	±150	350	两电平
2009	美国	Borwin 1	风电并网	±150	400	两电平

相比于传统换流器，电压源型换流器可以更好实现无功功率解耦控制。由于电压源型换流器采用双向可控电力电子器件，其换流理论与传统换流器完全不同，因此避免了换相失败问题。对于以分布式能源为主的未来电力系统来说，电压源型换流器集输电容量大、可控性好、控制迅速、不增加系统短路电流、具备动态无功补偿等特性于一身，因此具有良好的可再生能源消纳能力与提高电能质量能力。同时，随着直流系统工程的增多，不同输电工程的换流站之间可以通过直流线路及直流变压器互联以增强直流输电系统的灵活性和可靠性，相当于形成一个节点数较多的基于电压源型换流器的直流输电系统，最终构建出真正的直流网络，实现电能的高效合理传输和分配。

然而，由于两电平和三电平换流器的电平数很少，输出电压波形较差，因此产生了相应问题：①单个半导体开关器件的最大耐压一般仅为几千伏，若将该拓扑换流器应用于高电压场景中，需将数百个开关器件串联连接；开关器件参数的差异会导致电压分配不均，进而可能引发器件击穿造成换流器停运；②该拓扑结构换流器的半导体器件开关频率通常达数千赫兹，这会导致换流器的开关损耗较大、发热问题较为严重；③两电平换流器和三电平换流器的输出电平数少，因此换流器的输出电压谐波含量较高。

1.2　模块化多电平换流器的基本特点

MMC 是一种新型的电压源型换流器拓扑结构。该拓扑换流器将若干个半桥型子模块级联并与桥臂电抗器组成单个桥臂，主电路中的每相都由上桥臂和下桥臂两个桥臂构成。相比于两电平和三电平换流器，模块化多电平换流器具有以下优点。

（1）制造难度下降。采用子模块级联的方式形成高电压，从而避免了半导体开关器件的直接连接，因此对开关器件参数的一致性要求不高，显著降低了开关器件制造的工艺要求。

（2）开关频率较低。尤其是采用电平逼近调制（Nearest Level Modulation，NLM）方式时，开关频率可降低到 300Hz 以下，从而减小了换流器的开关损耗，并降低了发热量。

（3）输出波形质量高。电压输出波形为阶梯波，当子模块数量较大时，MMC 输出的电压波十分接近正弦波；此外由于输出电压的谐波含量小，通常已能满足相关标准的要求，无须安装交流滤波器。

（4）故障处理能力强。当换流器内部的子模块电容或开关器件发生故障时，可用冗余子模块替换故障子模块来消除故障，且替换过程可在不停运的情况下完成。此外 MMC 的每个桥臂都有一个电抗器与子模块串联，当换流器发生短路故障时，桥臂电抗器可起到限制故障电流上升率的作用。

综上所述，开展对 MMC 的相关研究具有重要的理论和现实意义，可为现代电网的新形态发展起到促进作用。在 MMC 的相关研究中，稳态模型建模及稳态特性分析是主电路参数设计、运行性能评估、保护定值设计等研究的基础；主电路参数选择牵系换流器的工程投资、体积重量、安全运行等方方面面；稳态运行性能优化可在换流器稳定运行的基础上，实现扩大运行域、减小换流器体积、降低制造成本等功效。因此，本文以模块化多电平换流器为研究对象，在对 MMC 的稳态分析进行详细建模的基础上，从子模块电容参数选择、稳态运行性能优化方面开展深入研究，以期推进未来低成本、小型化、高功率密度模块化多电平换流器的发展与进步。

图 1-1 是模块化多电平换流器拓扑结构图。MMC 的每相由上桥臂和下桥臂两个桥臂构成，每个桥臂中包含 N 个串联的子模块和一个桥臂电抗器 L_m，图中 R_m 表示桥臂的等效损耗。与电压源型变换器不同，MMC 中的交流变换器并不是接在换流器与交流系统之间，而是直接串联在桥臂中。桥臂电抗器在换流器中起到抑制电网电压不平衡时引起的负序电流、平滑换流器输入到交流系统的电流、抑制环流中的交流分量等作用，提高系统的可靠性。通常 MMC 与交流系统之间经变压器连接，变压器可实现交流电网电压与 MMC 直流侧电压间的匹配，并有助于抑制故障电流上升速率和平滑换流器输出电流。

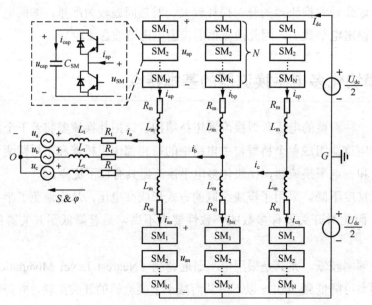

图 1-1　模块化多电平换流器拓扑结构图

MMC 的每个桥臂都由数个子模块和一个桥臂电抗器组成,子模块可视为 MMC 的基本控制单元。MMC 的基本运行是通过对其上桥臂电压和下桥臂电压的控制实现的。如图 1-1所示,MMC 的每个桥臂都由数个子模块和一个桥臂电抗器组成。在 MMC 运行时,其控制系统通过合理地控制桥臂电压来实现 MMC 在交流系统和直流系统间进行功率变换。以 A相为例,交流系统的相电压 $u_a(t)$ 的表达式如式(1-1)所示:

$$u_a(t) = U_s \cos(\omega t) \tag{1-1}$$

式中:U_s 为交流系统相电压的幅值。

子模块可视为 MMC 的基本控制单元。因此为了使换流器桥臂输出所需的电压,需对桥臂中的各子模块进行控制。在目前已有的 MMC 子模块拓扑结构中,半桥子模块拓扑(Half-bridge Submodule,HB-SM)因其所需器件较少,控制实现简单,整体损耗较小等优势,是目前研究最广同时也是应用最广的拓扑结构。目前已投运的基于 MMC 的高压直流输电项目中,采用半桥子模块拓扑的换流器占有绝对数量的优势。因此,本文只研究采用半桥子模块拓扑的 MMC;若无特殊说明,本文之后所提到的子模块也均指半桥子模块拓扑结构。

半桥子模块拓扑如图 1-2 所示。每个子模块由两组半导体器件和一个子模块电容构成。每组半导体器件由一个 IGBT 和一个反并联二极管组成。通过 IGBT门极触发信号可控制 IGBT 的导通与关断;在 MMC 运行时,桥臂电流会流经半导体器件和子模块电容,电流的流通路径会根据 IGBT 的通断状态而变化,子模块也会根据 IGBT 的通断状态呈现出不同的输出电压。具体的工作原理与控制方法将在第 2 章进行详细讨论。

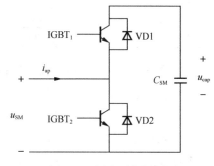

图 1-2　半桥子模块拓扑

由于采用模块化设计,MMC 能通过改变接入换流器子模块的数量和参数满足不同功率、电压等级与谐波含量的要求。而且模块化结构的设计易于实现批量化生产,有利于将其应用于实际工程的建造中。

1.3　模块化多电平换流器工程应用

模块化多电平换流器的上述优点使其近年来引起了学术界和工业界的广泛关注,其应用范围涉及中压领域(10kV~110kV)和高压领域(110kV~500kV)的多种场景。自 2010年以来所建造的 VSC-HVDC 工程中大多都采用模块化多电平换流器(见表 1-2)。

表 1-2　　　2010 年以来建造的基于电压源型换流器的直流输电工程(部分)

年份	建造国家	工程名称	主要用途	直流电压(kV)	额定容量(MW)
2010	挪威	ValHall	钻井供电	150	78
2010	纳米比亚	Caprivi Link	系统互联	±350	300
2010	美国	Trans Bay Cable	城市供电	±200	400

年份	建造国家	工程名称	主要用途	直流电压（kV）	额定容量（MW）
2011	中国	南汇工程	风电并网	±30	18
2013	中国	南澳工程	风电并网	±160	300
2013	德国	HelWin1	风电并网	±250	576
2013	德国	BorWin2	风电并网	±300	800
2013	德国	DolWin1	风电并网	±320	800
2014	中国	舟山工程	岛屿供电	±200	400
2014	美国	Tres Amigas	新能源接入	±326	750
2014	法国-西班牙	INELFE	电网互联	±320	1000
2014	德国	SylWin1	风电并网	±320	864
2015	德国	DolWin2	风电并网	±320	900
2015	中国	厦门工程	系统互联	±320	1000
2015	德国	HelWin2	风电并网	±320	690
2016	中国	鲁西背靠背	系统互联	±350	1000
2017	德国	DolWin3	风电并网	±320	900
2018	中国	张北柔性直流	风电并网	±500	3000
2019	德国	BorWin3	风电并网	±320	900

在模块化多电平换流器技术被提出并成功应用于工程后，其在直流工程中的应用场景与拓扑形式得到了进一步拓展。相比结构简单、运行方式相对固定的两端直流系统，基于模块化多电平换流器的柔性直流输电系统或柔性直流电网在系统运行可靠性、调控的灵活性、应用场景的多元性等方面具有独特的技术优势，在分布式可再生能源发电并网、城市电网增容改造，以及大电网异步互联等领域均具有广阔的应用场景，例如：

（1）模块化多电平换流器应用于点对点输电。采用直流输电向负荷中心区送电时，受端电网区域内会集中落点多回直流线路，造成受端电网的多馈入问题。例如，到2030年广东电网的珠江三角洲200km×200km区域内，按照需求可能要落点13回直流线路，由此引发了换相失败引起输送功率中断、发生故障导致过负荷和过电压等问题，严重制约了采用传统直流输电技术在远距离大容量输电方面的应用。然而对于模块化多电平换流器系统，即使交流系统故障，只要换流站交流母线电压不为零，输送功率就不会中断，一定程度上减轻了潮流大范围转移带来的不利影响，提高了系统可靠性。

（2）模块化多电平换流器应用于背靠背联网。目前国际电力工程界倡导将大电网拆分成若干小型同步电网，再进行直流异步互联，以预防类似于2003年"8·14美加大停电"之类大面积停电事故的发生。而采用模块化多电平换流器的网络结构，可以将送端网络及受端电网的故障限制在各自的范围内，从而消除了潮流的大范围转移，避免了交流线路因过载而跳闸，从而预防大规模电网停电。

（3）模块化多电平换流器应用于海上风电技术。受交流海缆电容特性的影响，随着风电场规模和离岸距离的增加，交流送出方式的经济性和可靠性都随之降低。柔性直流输电技术是解决海上风电送出问题的有效手段（见图 1-3 海上风电柔性直流送出场景示意）。相较于交流输电方式，其可避免交流海缆电容特性对输送距离和容量的限制，且具有更好的灵活性和可控性。目前德国、英国等已将该技术作为离岸较远海上风电场接入电网的主要技术。

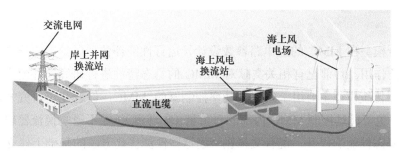

图 1-3　海上风电柔性直流送出场景示意

此外 MMC 在静止无功补偿器（Static Synchronous Compensators，STATCOM）、储能系统（Energy Storage System，ESS）、中高压电机驱动等应用场景也具有广阔的前景。

第 2 章

模块化多电平换流器的广义稳态分析模型

稳态分析模型在 MMC 的主电路参数设计、运行性能评估、保护定值设计等方面都具有十分重要的作用。目前已有相关文献对 MMC 的稳态特性进行研究，并建立了相应的稳态分析模型。传统模型主要用于研究含功率控制器的 MMC，但近几年研究发现在功率控制的基础上，也可通过控制 MMC 内部的自由量（如环流），在不影响换流器输出的前提下实现 MMC 稳态性能的提升。现有文献在考虑这些性能优化方法的基础上建立了 MMC 的稳态模型，但通常考虑对某单一方法的研究。此外，由于模型无法全面地反映出 MMC 中单一或多个电气量改变时对其他各电气量的影响，这也会使单一优化方法的研究结果产生偏差。

建立一种广泛适用于多种优化方法并全面考虑各电气量间耦合作用关系的稳态分析模型，是解决上述问题的有效手段。由于 MMC 中各电气量间关系错综复杂，且具有强耦合性和强非线性的特点，对单一电气量的改变会通过循环作用，引起换流器内多个甚至全部电气量的变化，这对建立模型造成了很大的困难。

本章将提出一种 MMC 广义稳态分析模型。首先分析了 MMC 中各电气量间的耦合关系，并推导得到了部分电气量的稳态表达式；然后基于换流器内部电气量与外部电气量间相互作用机理，建立了反映 MMC 固有稳态特性的平衡方程；之后基于该平衡方程推导得到了含待求参数的方程组，并给出了所得方程组的数值求解方法；当 MMC 内所有参数已知后，即可由各电气量的稳态表达式直接计算得到它们的稳态值。本章还将通过算例进一步阐释广义稳态分析模型的使用方法，并将所建立的稳态分析模型与传统模型进行对比。最后通过仿真验证该模型在各种情况下的计算准确性。

2.1 MMC 电气量间的耦合关系

MMC 的电气量间存在着错综复杂的耦合关系，这些耦合关系既有 MMC 与交直流系统间的耦合也有 MMC 内部电气量间的耦合。以 A 相上桥臂为例，图 2-1 是 MMC 电气量间的耦合关系。图中长虚线描述了 MMC 子模块内各电气量间的耦合关系；短虚线描述了 MMC 与交直流系统间的耦合关系。由图可以看到，各电气量间交互作用，某一电气量的改变将会引起多个电气量的变化。本节将以图 2-1 中所示的电气关系为例，阐述 MMC 中电气量间的相互影响。

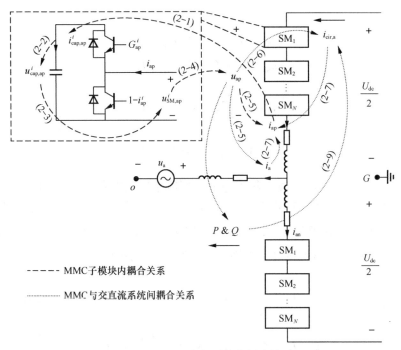

图 2-1　MMC 电气量间的耦合关系

$G_{ap}^i(t)$ 和 $G_{an}^i(t)$ 分别代表 A 相上桥臂和下桥臂中第 i 个子模块的触发脉冲。若 MMC 的上桥臂电流和下桥臂电流分别为 $i_{ap}(t)$ 和 $i_{an}(t)$，则流入子模块电容的电流可表示为

$$\begin{cases} i_{cap,ap}^i(t) = G_{ap}^i(t) \cdot i_{ap}(t) \\ i_{cap,an}^i(t) = G_{an}^i(t) \cdot i_{an}(t) \end{cases} \tag{2-1}$$

式中：$i_{cap,ap}^i(t)$ 和 $i_{cap,an}^i(t)$ 分别为 A 相上桥臂和下桥臂中第 i 个子模块的电容电流。

子模块电容值以 C_{SM} 表示，则在式（2-1）所示电容电流的充放电下，子模块电容的电压为

$$\begin{cases} u_{cap,ap}^i(t) = U_{cap,0}^i + \dfrac{1}{C_{SM}} \int i_{cap,ap}^i(t)\mathrm{d}t \\ u_{cap,ap}^i(t) = U_{can,0}^i + \dfrac{1}{C_{SM}} \int i_{cap,an}^i(t)\mathrm{d}t \end{cases} \tag{2-2}$$

式中：$u_{cap,ap}^i(t)$ 和 $u_{cap,an}^i(t)$ 分别代表 A 相上桥臂和下桥臂第 i 个子模块的电容电压；$U_{cap,0}^i$ 和 $U_{can,0}^i$ 为电容电压的直流分量。

受控于 IGBT 的导通与关断，子模块的输出电压在"电容电压 u_{cap}"和"0"之间切换，而同桥臂中多个子模块的输出电压之和组成了该桥臂的桥臂电压。子模块电容电压与子模块输出电压间的关系如式（2-3）所示，子模块输出电压与桥臂电压间的关系如式（2-4）

所示。

$$\begin{cases} u_{SM,ap}^{i}(t) = G_{ap}^{i}(t) \cdot u_{cap,ap}^{i}(t) \\ u_{SM,an}^{i}(t) = G_{an}^{i}(t) \cdot u_{cap,an}^{i}(t) \end{cases} \tag{2-3}$$

$$\begin{cases} u_{ap}(t) = \sum_{i=1}^{N} G_{ap}^{i}(t) \cdot u_{cap,ap}^{i}(t) \\ u_{an}(t) = \sum_{i=1}^{N} G_{an}^{i}(t) \cdot u_{cap,an}^{i}(t) \end{cases} \tag{2-4}$$

由式（2-1）～式（2-4）可知，桥臂电流会影响子模块电容电压，继而通过 IGBT 的开关函数 $G_{ap}^{i}(t)$ 和 $G_{an}^{i}(t)$ 将该影响作用于子模块输出电压，进而影响 MMC 的桥臂电压。

由基尔霍夫电压定律得到 MMC 与交流系统和直流系统间存在如式（2-1）所示的关系。由该式可知，MMC 的桥臂电压会反作用于式（2-1）中的桥臂电流。

$$\begin{cases} u_{ap}(t) + R_m i_{ap}(t) + L_m \dfrac{\mathrm{d}i_{ap}(t)}{\mathrm{d}t} + R_t i_a(t) + L_t \dfrac{\mathrm{d}i_a(t)}{\mathrm{d}t} + u_a(t) + u_{oG}(t) = \dfrac{U_{dc}}{2} \\ u_{an}(t) + R_m i_{an}(t) + L_m \dfrac{\mathrm{d}i_{an}(t)}{\mathrm{d}t} - R_t i_a(t) - L_t \dfrac{\mathrm{d}i_a(t)}{\mathrm{d}t} - u_a(t) - u_{oG}(t) = \dfrac{U_{dc}}{2} \end{cases} \tag{2-5}$$

因此由式（2-1）～式（2-5）可知，桥臂电流、电容电流、电容电压、子模块电压、桥臂电压五者之间存在着循环作用的关系。显然，其中任一量的改变都会使其余量发生变化，而该变化又会作用于最开始改变的变量使其进一步变化，最终所有量稳定于一个可以同时满足所有等式的状态。这种循环作用会增加 MMC 稳态分析的难度。

除 MMC 子模块内耦合作用关系外，MMC 作为交直流变换的装置，其还与交直流系统间存在着耦合关系。MMC 的交流输出电流 $i_a(t)$ 受桥臂电压控制，二者关系可由式（2-5）表示。受上桥臂和下桥臂中同相位电压的作用，MMC 的桥臂电流中会有贯穿于上下桥臂的环流 $i_{cir,a}(t)$，该环流与桥臂电压间的关系如式（2-6）所示。

$$\frac{u_{an}(t) + u_{ap}(t)}{2} = \frac{U_{dc}}{2} - R_m i_{cir,a}(t) - L_m \frac{\mathrm{d}i_{cir,a}(t)}{\mathrm{d}t} \tag{2-6}$$

输出电流和环流共同组成了桥臂电流，MMC 的上桥臂电流 $i_{ap}(t)$ 和下桥臂电流 $i_{an}(t)$ 可表示为

$$\begin{cases} i_{ap}(t) = \dfrac{i_a(t)}{2} + i_{cir,a}(t) \\ i_{an}(t) = -\dfrac{i_a(t)}{2} + i_{cir,a}(t) \end{cases} \tag{2-7}$$

式中：$i_a(t)$ 为 A 相输出相电流。$i_a(t)$ 与 $i_{cir,a}(t)$ 的表达式通式如式（2-8）所示。

$$\begin{cases} i_{a}(t) = \sum_{k=1,3,\cdots} I_{s,k\omega}\cos(k\omega t + \beta_{k}) \\ i_{cir,a}(t) = I_{c,0} + \sum_{k=1,3,\cdots} I_{c,k\omega}\cos(k\omega t + \theta_{ck}) \end{cases} \qquad (2\text{-}8)$$

式中：$I_{c,0}$ 为环流中的直流分量；$I_{c,k\omega}$ 和 θ_{ck} 分别表示环流中第 k 次谐波的幅值与相角；$I_{s,k\omega}$ 和 β_{k} 为输出相电流中第 k 次谐波的幅值与相角。

环流中的直流分量起到 MMC 与直流系统间功率传输的作用，其与换流器 A 相输出功率 P_a 间的关系如式（2-9）所示。

$$U_{dc}I_{c,0} = P_{a} + P_{loss,a} \qquad (2\text{-}9)$$

式中：$P_{loss,a}$ 为换流器 A 相的损耗。

由此可知，MMC 内某一电气量的改变会引起数个电气量的变化，这给 MMC 的稳态分析带来了困难。若在此基础上，进一步考虑采用多种稳态优化方法时对 MMC 的影响，将进一步增加 MMC 稳态分析模型的建模难度。本章将阐述如何在上述错综复杂的电气量关系的基础上，建立一种广义稳态分析模型，用以分析多种优化方法下的 MMC 稳态问题。

2.2　MMC 广义稳态分析模型

2.2.1　基本前提假设

本文所建立的广义稳态分析模型基于两项基本前提假设。

1）MMC 在稳态时电容电压均压良好，同桥臂中所有子模块的电容电压相同，即：

$$\begin{cases} u_{cap,jp}^{1}(t) = u_{cap,jp}^{2}(t) = \cdots = u_{cap,jp}^{i}(t) \\ u_{cap,jn}^{1}(t) = u_{cap,jn}^{2}(t) = \cdots = u_{cap,jn}^{i}(t) \end{cases} \qquad (2\text{-}10)$$

2）MMC 在稳态时调制策略具有良好地逼近调制信号的能力，即：

$$\begin{cases} S_{jp}(t) = \dfrac{1}{N} \cdot \sum_{i=1}^{N} G_{jp}^{i}(t) \\ S_{jn}(t) = \dfrac{1}{N} \cdot \sum_{i=1}^{N} G_{jn}^{i}(t) \end{cases} \qquad (2\text{-}11)$$

基于上述两项假设，同桥臂中的 N 个子模块可用 N 个相同的子模块来替代。换言之，同桥臂中的所有子模块可视作等同，该简化可显著降低 MMC 稳态分析的复杂性。

$$\begin{cases} N \cdot i_{cap,jp}(t) = \sum_{i=1}^{N} i_{cap,jp}^{i}(t) \\ N \cdot i_{cap,jn}(t) = \sum_{i=1}^{N} i_{cap,jn}^{i}(t) \end{cases} \qquad (2\text{-}12)$$

$$\begin{cases} u_{\mathrm{cap,jp}}(t) = u_{\mathrm{cap,jp}}^i(t) \\ u_{\mathrm{cap,jn}}(t) = u_{\mathrm{cap,jn}}^i(t) \end{cases} \tag{2-13}$$

$$\begin{cases} N \cdot u_{\mathrm{SM,jp}}(t) = \sum_{i=1}^{N} u_{\mathrm{cap,jp}}^i(t) \\ N \cdot u_{\mathrm{SM,jn}}(t) = \sum_{i=1}^{N} u_{\mathrm{cap,jn}}^i(t) \end{cases} \tag{2-14}$$

因此用于表示子模块序号的上标可省略，即子模块中的电容电流、电容电压、子模块输出电压可分别用"$i_{\mathrm{cap,jp}}(t)/i_{\mathrm{cap,jn}}(t)$""$u_{\mathrm{cap,jp}}(t)/u_{\mathrm{cap,jn}}(t)$""$u_{\mathrm{SM,jp}}(t)/u_{\mathrm{SM,jn}}(t)$"表示，它们与带有上标的子模块内电气量间的关系如式（2-12）～式（2-14）所示。

2.2.2 广义稳态分析模型的构建流程

MMC 电气量间存在着复杂的耦合关系，若在原有功率控制的基础上再考虑多种稳态优化控制器对换流器的影响，将使 MMC 的稳态分析更为困难。为此，本节提出一种可用于分析多种稳态优化方法的 MMC 广义稳态模型建模方法。由于 MMC 的三相结构完全相同，以 A 相为例进行阐述。

1. 根据所采用的稳态运行性能优化方法定义调制信号表达式

MMC 的运行主要受调制信号的控制，调制信号由站级控制层中的功率控制器和各种优化控制器的输出构成。例如，对于桥臂电流中二倍频环流的控制，即是通过二倍频环流控制器产生相应的二倍频信号，并将该信号与原有调制信号相叠加。$S_{\mathrm{jp}}(t)$和$S_{\mathrm{jn}}(t)$分别表示$j(j=a, b, c)$相上桥臂与下桥臂的调制信号。以 A 相为例，其可表示为

$$\begin{cases} S_{\mathrm{ap}}(t) = A_0 - \sum_{k=1,3,\cdots} S_{\mathrm{m,k\omega}}(t) - \sum_{k=2,4,\cdots} S_{\mathrm{m,k\omega}}(t) \\ S_{\mathrm{an}}(t) = A_0 + \sum_{k=1,3,\cdots} S_{\mathrm{m,k\omega}}(t) - \sum_{k=2,4,\cdots} S_{\mathrm{m,k\omega}}(t) \end{cases} \tag{2-15}$$

式中：$S_{\mathrm{m,k\omega}}(t)$表示调制信号中的第 k 次谐波，其表达式如式（2-16）所示。

$$S_{\mathrm{m,k\omega}}(t) = A_{\mathrm{k}} \cos(k\omega t + \alpha_{\mathrm{k}}) \tag{2-16}$$

若直接采用调制信号 $S_{\mathrm{ap}}(t)$ 和 $S_{\mathrm{an}}(t)$ 的表达式通式，则会使所建立的数学模型过于复杂。此外，在实际使用时也不可能采用无穷个数的稳态性能优化方法。因此，需要根据所采用的稳态性能优化方法对式 $S_{\mathrm{ap}}(t)$ 和 $S_{\mathrm{an}}(t)$ 进行化简。

输出功率控制是 MMC 的基本功能，电容电压平均值控制、二倍频环流控制、三次谐波注入控制是最常采用的三种 MMC 稳态性能优化方法，因此本章以含有该四种控制器的 MMC 为例进行推导。电容电压平均值控制、功率控制、二倍频环流控制、三次谐波注入控制分别与调制信号的直流、1 倍频、2 倍频、3 倍频分量有关，故式 $S_{\mathrm{ap}}(t)$ 和 $S_{\mathrm{an}}(t)$ 可化简为

$$\begin{cases} S_{\mathrm{ap}}(t) = A_0 - S_{\mathrm{m},1\omega}(t) - S_{\mathrm{m},2\omega}(t) - S_{\mathrm{m},3\omega}(t) \\ S_{\mathrm{an}}(t) = A_0 + S_{\mathrm{m},1\omega}(t) - S_{\mathrm{m},2\omega}(t) + S_{\mathrm{m},3\omega}(t) \end{cases} \tag{2-17}$$

需要指出的是，本章所提方法适用于各种稳态性能优化方法。当采用其他优化方法时，在式（2-17）中加入与之相对应的倍频谐波即可。

2. 推导MMC内各电气量表达式

MMC 的上桥臂电流 $i_{\mathrm{ap}}(t)$ 和下桥臂电流 $i_{\mathrm{an}}(t)$ 的表达式通式如式（2-7）和式（2-8）所示。该桥臂电流通式可根据所定义的调制信号进行简化。对于桥臂电流中谐波次数大于等于 4 次的谐波，其含量已很小，故可以忽略（注入的谐波电流除外）。谐波电流的注入是通过在调制信号中附加对应倍频的信号实现的，因此桥臂电流中所含谐波的次数可与所定义的调制信号谐波次数相同。例如，式（2-17）中所定义的调制信号包含直流、1 倍频、2 倍频、3 倍频谐波分量，在简化后的桥臂电流中也应包含这些倍频的对应谐波分量。由于 MMC 通常在其交流侧连接有 Y-△型变压器，桥臂电流中的 3 次谐波及 3 次序列谐波没有流通回路，故桥臂电流中也不含这些谐波分量。因此，式（2-8）中的桥臂电流可简化为

$$\begin{cases} i_{\mathrm{ap}}(t) = I_{\mathrm{c},0} + \dfrac{I_{\mathrm{s},1\omega}}{2}\cos(\omega t + \beta_1) + I_{\mathrm{s},2\omega}\cos(2\omega t + \theta_{\mathrm{c}2}) \\ i_{\mathrm{an}}(t) = I_{\mathrm{c},0} - \dfrac{I_{\mathrm{s},1\omega}}{2}\cos(\omega t + \beta_1) + I_{\mathrm{s},2\omega}\cos(2\omega t + \theta_{\mathrm{c}2}) \end{cases} \tag{2-18}$$

需要说明的是，桥臂电流表达式中所考虑到的谐波次数可以根据研究人员的需求任意给定。换言之，若式（2-18）中所考虑的电流谐波次数不能满足需求，可在该式中加入更高次数的谐波，下述推导步骤相同。由后文的仿真结果可知，在通常情况下，采用上述简化后的桥臂电流表达式已可以满足高精度的要求。

式（2-18）中，$I_{\mathrm{s},1\omega}$ 和 β_1 分别为输出相电流中基波分量的幅值与相角，其值与 MMC 和交流电网间传输的功率有关，可由下式计算得到：

$$\begin{cases} I_{\mathrm{s},1\omega} = \dfrac{2S}{3U_{\mathrm{s}}} \\ \beta_1 = -\varphi \end{cases} \tag{2-19}$$

式中：S 为换流器的视在功率；φ 为功率因数角。

由式（2-1）、式（2-12）、式（2-11）可以得到，子模块电容电流 $i_{\mathrm{cap,ap}}(t)$ 和 $i_{\mathrm{cap,an}}(t)$ 与桥臂电流间的关系如式（2-20）所示。

$$\begin{cases} i_{\mathrm{cap,ap}}(t) = S_{\mathrm{ap}}(t) \cdot i_{\mathrm{ap}}(t) \\ i_{\mathrm{cap,an}}(t) = S_{\mathrm{an}}(t) \cdot i_{\mathrm{an}}(t) \end{cases} \tag{2-20}$$

当 MMC 处于稳态运行时，其电容电流的直流分量 $I_{\mathrm{cap},0}$ 应为零，否则电容电压将会随时间持续地升高。因此，将式（2-17）～式（2-19）代入式（2-20），并令 $I_{\mathrm{cap},0}$ 为零可得：

$$I_{cap,0} = 0$$

$$\Downarrow$$

(2-21)

$$I_{c,0} = \frac{A_1 S}{6A_0 U_s}\cos(\alpha_1 + \varphi) + \frac{A_2 I_{c,2\omega}}{2A_0}\cos(\alpha_2 - \theta_{c2})$$

将式（2-11）、式（2-13）、式（2-20）代入式（2-2），可以得到子模块电容电压与桥臂电流间的关系为

$$\begin{cases} u_{cap,ap}(t) = U_{cap,0} + \dfrac{1}{C_{SM}}\int S_{ap}(t) \cdot i_{ap}(t)\mathrm{d}t \\[2mm] u_{cap,an}(t) = U_{cap,0} + \dfrac{1}{C_{SM}}\int S_{an}(t) \cdot i_{an}(t)\mathrm{d}t \end{cases}$$

(2-22)

式中：$U_{cap,0}$ 为电容电压 $u_{cap,ap}(t)$ 和 $u_{cap,ap}(t)$ 的直流分量。

将式（2-17）~式（2-19）代入式（2-22），可得：

$$\begin{cases} u_{cap,ap}(t) = U_{cap,0} + \dfrac{1}{C_{SM}}\int S_{ap}(t) \cdot i_{ap}(t)\mathrm{d}t \\[2mm] u_{cap,an}(t) = U_{cap,0} + \dfrac{1}{C_{SM}}\int S_{an}(t) \cdot i_{an}(t)\mathrm{d}t \end{cases}$$

(2-23)

式中：$u_{cap,k\omega}(t)$ 表示电容电压中的 k 次谐波（$k=1, 2, 3, 4, 5$），其表达式如式（2-24）所示。

$$\begin{cases} u_{cap,1\omega}(t) = \left[\dfrac{A_0 S}{3U_s A_1}\sin(\omega t - \varphi) - I_{c,0}\sin(\omega t + \alpha_1) - \dfrac{I_{c,2\omega}}{2}\sin(\omega t - \alpha_1 + \theta_{c2}) \right. \\[3mm] \qquad\qquad \left. -\dfrac{A_3 I_{c,2\omega}}{2A_1}\sin(\omega t + \alpha_3 - \theta_{c2}) - \dfrac{A_2 S}{6U_s A_1}\sin(\omega t + \alpha_2 + \varphi) \right] \cdot \dfrac{A_1}{\omega C_{SM}} \\[4mm] u_{cap,2\omega}(t) = \left[\dfrac{A_0 I_{c,2\omega}}{2}\sin(2\omega t + \theta_{c2}) - \dfrac{A_2 I_{c,0}}{2}\sin(2\omega t + \alpha_2) \right. \\[3mm] \qquad\qquad \left. -\dfrac{A_1 S}{12U_s}\sin(2\omega t + \alpha_1 - \varphi) - \dfrac{A_3 S}{12U_s}\sin(2\omega t + \alpha_3 + \varphi) \right] \cdot \dfrac{1}{\omega C_{SM}} \end{cases}$$

(2-24a)

$$\begin{cases} u_{cap,3\omega}(t) = \left[-\dfrac{A_3 I_{c,0}}{3}\sin(3\omega t + \alpha_3) - \dfrac{A_1 I_{c,2\omega}}{6}\sin(3\omega t + \alpha_1 + \theta_{c2}) - \right. \\[3mm] \qquad\qquad \left. \dfrac{A_2 S}{18U_s}\sin(3\omega t + \alpha_2 - \varphi) \right] \cdot \dfrac{1}{\omega C_{SM}} \\[4mm] u_{cap,4\omega}(t) = -\dfrac{A_2 I_{c,2\omega}}{8\omega C_{SM}}\sin(4\omega t + \alpha_2 + \theta_{c2}) - \dfrac{A_3 S}{24\omega C_{SM}U_s}\sin(4\omega t + \alpha_3 - \varphi) \\[4mm] u_{cap,5\omega}(t) = -\dfrac{A_3 I_{c,2\omega}}{10\omega C_{SM}}\sin(5\omega t + \alpha_3 + \theta_{c2}) \end{cases}$$

(2-24b)

将式（2-11）和式（2-13）代入式（2-4）可以得到上桥臂电压 $u_{ap}(t)$ 和下桥臂电压 $u_{an}(t)$ 的计算式如式（2-25）所示。

$$\begin{cases} u_{\mathrm{ap}}(t) = N \cdot S_{\mathrm{ap}}(t) \cdot u_{\mathrm{cap,ap}}(t) \\ u_{\mathrm{an}}(t) = N \cdot S_{\mathrm{an}}(t) \cdot u_{\mathrm{cap,an}}(t) \end{cases} \tag{2-25}$$

将式（2-17）和式（2-23）代入（2-25），可得：

$$\begin{cases} u_{\mathrm{ap}}(t) = U_{\mathrm{arm,0}} + \sum_{k=1,3,5,7} u_{\mathrm{arm},k\omega}(t) + \sum_{k=2,4,6,8} u_{\mathrm{arm},k\omega}(t) \\ u_{\mathrm{an}}(t) = U_{\mathrm{arm,0}} - \sum_{k=1,3,5,7} u_{\mathrm{arm},k\omega}(t) + \sum_{k=2,4,6,8} u_{\mathrm{arm},k\omega}(t) \end{cases} \tag{2-26}$$

式中：$U_{\mathrm{arm,0}}$ 为桥臂电压直流分量；$u_{\mathrm{arm},k\omega}(t)$ 代表桥臂电压中的第 k 次谐波（$k=1,2,3,\cdots,8$）；其中 $U_{\mathrm{arm,0}}, u_{\mathrm{arm,1\omega}}(t), u_{\mathrm{arm,2\omega}}(t), u_{\mathrm{arm,3\omega}}(t)$ 的表达式如下所示。

$$\begin{cases} U_{\mathrm{arm,0}} = U_{\mathrm{m,dc}} \\ u_{\mathrm{arm,1\omega}}(t) = U_{\mathrm{m,1\omega}}^{\mathrm{D}} \cos(\omega t) + U_{\mathrm{m,1\omega}}^{\mathrm{Q}} \sin(\omega t) \\ u_{\mathrm{arm,2\omega}}(t) = U_{\mathrm{m,2\omega}}^{\mathrm{D}} \cos(2\omega t) + U_{\mathrm{m,2\omega}}^{\mathrm{Q}} \sin(2\omega t) \\ u_{\mathrm{arm,3\omega}}(t) = U_{\mathrm{m,3\omega}}^{\mathrm{D}} \cos(3\omega t) + U_{\mathrm{m,3\omega}}^{\mathrm{Q}} \sin(3\omega t) \end{cases} \tag{2-27}$$

其中

$$\begin{aligned} U_{\mathrm{m,dc}} = {}& A_0 N U_{\mathrm{cap,0}} + \left[\frac{I_{\mathrm{c,2\omega}}\sin(\alpha_2-\theta_{\mathrm{c2}})}{4A_1A_3S} - \frac{A_1 I_{\mathrm{c,2\omega}}\sin(2\alpha_1-\theta_{\mathrm{c2}})}{4A_0A_2A_3S} - \frac{\sin(\alpha_1-\alpha_2-\varphi)}{24A_0A_3U_{\mathrm{s}}} \right. \\ & \left. + \frac{\sin(\alpha_1+\varphi)}{6A_2A_3U_{\mathrm{s}}} - \frac{I_{\mathrm{c,2\omega}}\sin(\alpha_1-\alpha_3+\theta_{\mathrm{c2}})}{6A_0A_2S} - \frac{\sin(\alpha_2-\alpha_3-\varphi)}{72A_0A_1U_{\mathrm{s}}} \right] \cdot \frac{NSA_0A_1A_2A_3}{\omega C_{\mathrm{SM}}} \end{aligned} \tag{2-28}$$

$$\begin{cases} \begin{aligned} U_{\mathrm{m,1\omega}}^{\mathrm{D}} = {}& -A_1 N U_{\mathrm{cap,0}}\cos(\alpha_1) - \frac{NA_0A_1A_2A_3}{\omega C_{\mathrm{SM}}} \cdot \left[\frac{I_{\mathrm{c,0}}\sin(\alpha_1)}{A_2A_3} - \frac{I_{\mathrm{c,0}}\sin(\alpha_1-\alpha_2)}{4A_0A_3} \right. \\ & - \frac{3I_{\mathrm{c,2\omega}}\sin(\alpha_1-\theta_{\mathrm{c2}})}{4A_2A_3} + \frac{I_{\mathrm{c,2\omega}}\sin(\alpha_1+\alpha_2-\theta_{\mathrm{c2}})}{4A_0A_3} - \frac{I_{\mathrm{c,2\omega}}\sin(\alpha_1-\alpha_2+\theta_{\mathrm{c2}})}{12A_0A_3} \\ & \left. + \frac{I_{\mathrm{c,2\omega}}\sin(\alpha_3-\theta_{\mathrm{c2}})}{4A_1A_2} - \frac{I_{\mathrm{c,0}}\sin(\alpha_2-\alpha_3)}{12A_0A_1} + \frac{3I_{\mathrm{c,2\omega}}\sin(\alpha_2-\alpha_3+\theta_{\mathrm{c2}})}{16A_0A_1} \right] \\ & - \left(\frac{A_0^2}{3} + \frac{A_1^2}{24} - \frac{A_2^2}{18} - \frac{A_3^2}{48} \right) \cdot \frac{NS\sin(\varphi)}{\omega C_{\mathrm{SM}}U_{\mathrm{s}}} \end{aligned} \\ \begin{aligned} U_{\mathrm{m,1\omega}}^{\mathrm{Q}} = {}& A_1 N U_{\mathrm{cap,0}}\sin(\alpha_1) - \frac{NA_0A_1A_2A_3}{\omega C_{\mathrm{SM}}} \cdot \left[\frac{I_{\mathrm{c,0}}\cos(\alpha_1)}{A_2A_3} + \frac{I_{\mathrm{c,0}}\cos(\alpha_1-\alpha_2)}{4A_0A_3} \right. \\ & + \frac{3I_{\mathrm{c,2\omega}}\cos(\alpha_1-\theta_{\mathrm{c2}})}{4A_2A_3} + \frac{I_{\mathrm{c,2\omega}}\cos(\alpha_1+\alpha_2-\theta_{\mathrm{c2}})}{4A_0A_3} - \frac{I_{\mathrm{c,2\omega}}\cos(\alpha_1-\alpha_2+\theta_{\mathrm{c2}})}{12A_0A_3} \\ & \left. + \frac{I_{\mathrm{c,2\omega}}\cos(\alpha_3-\theta_{\mathrm{c2}})}{4A_1A_2} + \frac{I_{\mathrm{c,0}}\cos(\alpha_2-\alpha_3)}{12A_0A_1} + \frac{3I_{\mathrm{c,2\omega}}\cos(\alpha_2-\alpha_3+\theta_{\mathrm{c2}})}{16A_0A_1} \right] \\ & + \left(\frac{A_0^2}{3} + \frac{A_1^2}{24} - \frac{A_2^2}{18} - \frac{A_3^2}{48} \right) \cdot \frac{NS\cos(\varphi)}{\omega C_{\mathrm{SM}}U_{\mathrm{s}}} \end{aligned} \end{cases} \tag{2-29}$$

$$
\begin{cases}
\begin{aligned}
U_{m,2\omega}^{D} = &-A_2 N U_{cap,0}\cos(\alpha_2) + \frac{NSA_0A_1A_2A_3}{\omega C_{SM}} \cdot \left[\frac{A_1 I_{c,0}\sin(2\alpha_1)}{2A_0A_2A_3 S} - \frac{I_{c,0}\sin(\alpha_2)}{2A_1A_3 S}\right. \\
&+ \frac{I_{c,0}\sin(\alpha_1-\alpha_3)}{3A_0A_2 S} - \frac{\sin(\alpha_1-\varphi)}{4A_2A_3 U_s} + \frac{\sin(\alpha_3+\varphi)}{12A_1A_2 U_s} + \frac{\sin(\alpha_1+\alpha_2+\varphi)}{12A_0A_3 U_s} \\
&\left.+ \frac{\sin(\alpha_2-\alpha_3+\varphi)}{16A_0A_1 U_s} - \frac{\sin(\alpha_1-\alpha_2+\varphi)}{36A_0A_3 U_s}\right] \\
&+ \left(\frac{A_0^2}{2} + \frac{A_1^2}{3} + \frac{A_2^2}{16} - \frac{A_3^2}{5}\right) \cdot \frac{I_{c,2\omega}N\sin(\theta_{c2})}{\omega C_{SM}} \\
U_{m,2\omega}^{Q} = &\ A_2 N U_{cap,0}\sin(\alpha_2) + \frac{NSA_0A_1A_2A_3}{\omega C_{SM}} \cdot \left[\frac{A_1 I_{c,0}\cos(2\alpha_1)}{2A_0A_2A_3 S} - \frac{I_{c,0}\cos(\alpha_2)}{2A_1A_3 S}\right. \\
&- \frac{I_{c,0}\cos(\alpha_1-\alpha_3)}{3A_0A_2 S} - \frac{\cos(\alpha_1-\varphi)}{4A_2A_3 U_s} + \frac{\cos(\alpha_3+\varphi)}{12A_1A_2 U_s} + \frac{\cos(\alpha_1+\alpha_2+\varphi)}{12A_0A_3 U_s} \\
&\left.- \frac{\cos(\alpha_2-\alpha_3+\varphi)}{16A_0A_1 U_s} + \frac{\cos(\alpha_1-\alpha_2+\varphi)}{36A_0A_3 U_s}\right] \\
&+ \left(\frac{A_0^2}{2} + \frac{A_1^2}{3} + \frac{A_2^2}{16} - \frac{A_3^2}{5}\right) \cdot \frac{I_{c,2\omega}N\cos(\theta_{c2})}{\omega C_{SM}}
\end{aligned}
\end{cases} \tag{2-30}
$$

$$
\begin{cases}
\begin{aligned}
U_{m,3\omega}^{D} = &-A_3 N U_{cap,0}\cos(\alpha_3) - \frac{NSA_0A_1A_2A_3}{\omega C_{SM}} \cdot \left[\frac{I_{c,0}\sin(\alpha_3)}{3A_1A_2 S} - \frac{3I_{c,0}\sin(\alpha_1+\alpha_2)}{4A_0A_3 S}\right. \\
&- \frac{I_{c,2\omega}\sin(\alpha_2+\alpha_3-\theta_{c2})}{4A_0A_1 S} + \frac{2\sin(\alpha_2-\varphi)}{9A_1A_3 U_s} + \frac{5I_{c,2\omega}\sin(\alpha_1+\theta_{c2})}{12A_2A_3 S} \\
&- \frac{A_2\sin(2\alpha_2+\varphi)}{12A_0A_1A_3 U_s} + \frac{5I_{c,2\omega}\sin(\alpha_1-\alpha_2-\theta_{c2})}{16A_0A_3 S} + \frac{I_{c,2\omega}\sin(\alpha_2-\alpha_3-\theta_{c2})}{20A_0A_1 S} \\
&\left.- \frac{\sin(\alpha_1+\alpha_3+\varphi)}{24A_0A_2 U_s} - \frac{A_1\sin(2\alpha_1-\varphi)}{24A_0A_2A_3 U_s} + \frac{\sin(\alpha_1-\alpha_3+\varphi)}{48A_0A_2 U_s}\right] \\
U_{m,3\omega}^{Q} = &\ A_3 N U_{cap,0}\sin(\alpha_3) - \frac{NSA_0A_1A_2A_3}{\omega C_{SM}} \cdot \left[\frac{I_{c,0}\cos(\alpha_3)}{3A_1A_2 S} - \frac{3I_{c,0}\cos(\alpha_1+\alpha_2)}{4A_0A_3 S}\right. \\
&- \frac{I_{c,2\omega}\cos(\alpha_2+\alpha_3-\theta_{c2})}{4A_0A_1 S} + \frac{2\cos(\alpha_2-\varphi)}{9A_1A_3 U_s} + \frac{5I_{c,2\omega}\cos(\alpha_1+\theta_{c2})}{12A_2A_3 S} \\
&- \frac{A_2\cos(2\alpha_2+\varphi)}{12A_0A_1A_3 U_s} - \frac{5I_{c,2\omega}\cos(\alpha_1-\alpha_2-\theta_{c2})}{16A_0A_3 S} - \frac{I_{c,2\omega}\cos(\alpha_2-\alpha_3-\theta_{c2})}{20A_0A_1 S} \\
&\left.- \frac{\cos(\alpha_1+\alpha_3+\varphi)}{24A_0A_2 U_s} - \frac{A_1\cos(2\alpha_1-\varphi)}{24A_0A_2A_3 U_s} - \frac{\cos(\alpha_1-\alpha_3+\varphi)}{48A_0A_2 U_s}\right]
\end{aligned}
\end{cases} \tag{2-31}
$$

3. 建立平衡方程

　　尽管在上一步中推导得到了 MMC 电气量的表达式，但可以看到式中含有许多未知量。因此，电气量的稳态值无法仅由这些表达式得到，需要通过建立额外的等式来求取这些未知量。

$$\underbrace{U_{\mathrm{arm},0} + \sum_{k=1,3,5\cdots} u_{\mathrm{arm},k\omega}(t) + \sum_{k=2,4,6\cdots} u_{\mathrm{arm},k\omega}(t)}_{\text{基于MMC内部电气量间的关系建立}} =$$

$$\underbrace{\frac{U_{\mathrm{dc}}}{2} - R_{\mathrm{m}} i_{\mathrm{ap}}(t) - L_{\mathrm{m}} \frac{\mathrm{d}i_{\mathrm{ap}}(t)}{\mathrm{d}t} - R_{\mathrm{t}} i_{\mathrm{a}}(t) - L_{\mathrm{t}} \frac{\mathrm{d}i_{\mathrm{a}}(t)}{\mathrm{d}t} - u_{\mathrm{a}}(t) - u_{\mathrm{oG}}(t)}_{\text{基于基尔霍夫电压定律建立}}$$

(2-32)

基于式（2-5）与式（2-26），可以得到平衡方程（2-32）。平衡方程（2-32）的建立是基于两种计算 MMC 桥臂电压的方法。在平衡方程式等号的左边，桥臂电压由 MMC 内部电气量间的耦合关系推导得到；在平衡方程等号的右边，桥臂电压基于 MMC 外部电气量间的关系和基尔霍夫电压定律得到。显然，这两种方法所推导得到的 MMC 桥臂电压应该相同，继而可建立式（2-32）。

对于任一正弦函数，其可进行如下变换：

$$A_{\mathrm{km}} \cos(k\omega t + \theta_{\mathrm{k}}) = A_{\mathrm{kD}} \cos(k\omega t) + A_{\mathrm{kQ}} \sin(k\omega t)$$

(2-33)

其中

$$\begin{cases} A_{\mathrm{kD}} = A_{\mathrm{km}} \cos(\theta_{\mathrm{k}}) \\ A_{\mathrm{kQ}} = -A_{\mathrm{km}} \sin(\theta_{\mathrm{k}}) \end{cases}$$

(2-34)

根据式（2-33），可将平衡方程（2-32）变换为式（2-35）所示的形式。

$$U_{\mathrm{m,dc}} + \sum_{k=1,2,3\cdots} U_{\mathrm{m},k\omega}^{\mathrm{D}} \cos(k\omega t) + \sum_{k=1,2,3\cdots} U_{\mathrm{m},k\omega}^{\mathrm{Q}} \sin(k\omega t) =$$

$$U_{\mathrm{DQ0}} + \sum_{k=1,2,3\cdots} U_{\mathrm{Dk}} \cos(k\omega t) + \sum_{k=1,2,3\cdots} U_{\mathrm{Qk}} \sin(k\omega t)$$

(2-35)

式中：$U_{\mathrm{m,dc}}$、$U_{\mathrm{m},k\omega}^{\mathrm{D}}$、$U_{\mathrm{m},k\omega}^{\mathrm{Q}}$（$k$=1, 2, 3）已在式（2-28）~式（2-30）中给出；U_{DQ0}、U_{Dk}、U_{Qk} 的表达式如式（2-36）所示。

$$\begin{cases} U_{\mathrm{DQ0}} = \dfrac{U_{\mathrm{dc}}}{2} - R_{\mathrm{m}} I_{\mathrm{c},0} \\[2mm] U_{\mathrm{D1}} = -\dfrac{2S}{3U_{\mathrm{s}}} \left(R_{\mathrm{t}} + \dfrac{R_{\mathrm{m}}}{2} \right) \cos(\varphi) - \dfrac{2\omega S}{3U_{\mathrm{s}}} \left(L_{\mathrm{t}} + \dfrac{L_{\mathrm{m}}}{2} \right) \sin(\varphi) - U_{\mathrm{s}} \\[2mm] U_{\mathrm{Q1}} = -\dfrac{2S}{3U_{\mathrm{s}}} \left(R_{\mathrm{t}} + \dfrac{R_{\mathrm{m}}}{2} \right) \sin(\varphi) + \dfrac{2\omega S}{3U_{\mathrm{s}}} \left(L_{\mathrm{t}} + \dfrac{L_{\mathrm{m}}}{2} \right) \cos(\varphi) \\[2mm] U_{\mathrm{D2}} = 2\omega L_{\mathrm{m}} I_{\mathrm{c},2\omega} \sin(\theta_{\mathrm{c}}) - R_{\mathrm{m}} I_{\mathrm{c},2\omega} \cos(\theta_{\mathrm{c}}) \\[2mm] U_{\mathrm{Q2}} = 2\omega L_{\mathrm{m}} I_{\mathrm{c},2\omega} \cos(\theta_{\mathrm{c}}) + R_{\mathrm{m}} I_{\mathrm{c},2\omega} \sin(\theta_{\mathrm{c}}) \\[2mm] U_{\mathrm{D3}} = -E_{3\omega} \cos(\sigma_{3\omega}) \\[2mm] U_{\mathrm{Q3}} = E_{3\omega} \sin(\sigma_{3\omega}) \end{cases}$$

(2-36)

根据待定系数法,等式中等号两边"$\cos(k\omega t)$"或"$\sin(k\omega t)$"函数的系数相等。因此由式(2-35)和待定系数法可得到式(2-37)中所示的一系列等式。

$$\begin{cases} U_{\mathrm{m,dc}} = U_{\mathrm{DQ0}} \\ U_{\mathrm{m,1\omega}}^{\mathrm{D}} = U_{\mathrm{D1}}; \quad U_{\mathrm{m,1\omega}}^{\mathrm{Q}} = U_{\mathrm{Q1}} \\ U_{\mathrm{m,2\omega}}^{\mathrm{D}} = U_{\mathrm{D2}}; \quad U_{\mathrm{m,2\omega}}^{\mathrm{Q}} = U_{\mathrm{Q2}} \\ U_{\mathrm{m,3\omega}}^{\mathrm{D}} = U_{\mathrm{D3}}; \quad U_{\mathrm{m,3\omega}}^{\mathrm{Q}} = U_{\mathrm{Q3}} \\ \qquad\qquad \vdots \end{cases} \qquad (2\text{-}37)$$

由上述内容中式(2-32)~式(2-37)的推导可以发现:

(1)基于所建立的平衡方程(2-32),可以导出任意阶次的等式,所得等式如式(2-37)所示。

(2)对于所导出的式(2-37),其每一阶次中各包含两个等式;因此,基于式(2-37)中的等式,可在每个阶次解得两个未知量(注:零阶次只有 1 个)。

根据第一步和第二步的推导,我们得到了 MMC 电气量的表达式。由式(2-17)~式(2-31)可知,这些表达式中共包含 23 个参数。显然,如果表达式的所有参数已知,即可得到 MMC 中各电气量随时间变化的稳态值。表 2-1 是所得表达式中 23 个参数的列表,根据这些参数的属性将它们划分为 5 类,分别为:主电路参数、DC 参数、功率参数、2ω 参数、3ω 参数。

表 2-1 所得表达式中 23 个参数的列表

序号	类别	参数
1	主电路参数	C_{SM}, N, L_{m}, L_{t}, R_{m}, R_{t}, U_{s}, U_{dc}, ω
2	DC 参数	组 I:$U_{\mathrm{cap,0}}$
		组 II:A_0
3	功率参数 (1ω 参数)	组 I:S, φ
		组 II:A_1, α_1
4	2ω 参数	组 I:$I_{\mathrm{c,2\omega}}$, θ_{c2}
		组 II:A_2, α_2
5	3ω 参数	组 I:$E_{3\omega}$, $\sigma_{3\omega}$
		组 II:A_3, α_3

对于表 2-1 中的主电路参数,它们由 MMC 自身确定,这些参数在稳态分析前就已经获知。

对于表 2-1 中其他四个类别的参数,本文将每个类别中的参数又分成组 I 和组 II。组 I 中的参数为电气量参数;组 II 中的参数为调制信号中各倍频谐波分量的幅值和相角。在每个类别的两组中,其中一组的参数应为**"给定参数"**,换句话说这组参数的值是由研究人员给定的。同时,另一组的参数应为**"未知参数"**,换言之这组参数的值无法直接得知。

为了更清楚地阐释上一段的内容,下面以"2ω 参数"为例来进一步解释。共有两种情况:① MMC 采用闭环二倍频环流控制器,该控制器可将换流器内的二倍频环流控制到指定值，因此二倍频环流的幅值（$I_{c,2\omega}$）和相角（θ_{c2}）为"**给定参数**"；而环流控制器的输出 A_2、α_2 为"**未知参数**"；② MMC 未采用二倍频环流控制器或采用开环二倍频环流控制器，调制信号中的二倍频分量为已知量，即 A_2、α_2 为"**给定参数**"（注：当未采用二倍频环流控制器时，$A_2=0$、$\alpha_2=0$）；而换流器内二倍频环流的幅值和相角为"**未知参数**"。需要注意的是，无论上述的哪种情况，"2ω 参数"中都会有两个参数为"**未知参数**"；当采用闭环控制器时未知参数为调制信号，当采用开环控制器（或未采用控制器控制）时未知参数为电气量。该结论同样适用于"功率参数"（也可看作 1ω 参数）和"3ω 参数"，并可推广至任意阶次。

由上述分析可知，MMC 在每个阶次都含有两个未知参数，未知参数可根据研究目的来设定。如式（2-37）所示，基于平衡方程可在每个阶次导出两个等式，因此这两个未知参数可由式（2-37）解得。需要注意的是，对于阶次为零的情况，由表 2-1 可知此时未知参数为 1 个，由式（2-37）可知零阶次时的等式数目也为 1，所以该未知参数仍可由式（2-37）求得。

4. 求解所建立的方程组

由式（2-37）建立的方程组是高度非线性的，因此难以得到其解析解。为解决这一问题，可采用牛顿迭代法求其数值解。基于该方法并借助 MATLAB 等软件，仅需几十行代码即可求得式（2-37）中非线性方程组的解。

图 2-2 是采用牛顿迭代法求解式（2-37）的流程图及 MATLAB 程序。图中 *x*、*x*$^{(n)}$、*Eqns(x)*、*Eqns(x*$^{(n)}$*)* 为列向量，相量维数与未知量个数相同；*J*$^{(n)}$ 表示第 *n* 次迭代时的雅克比矩阵，矩阵维数也与未知量个数相同。本文在流程图右侧还给出了基于 MATLAB 的参考例程，例程中的变量 *x*、*Eqns*、*xn*、*Eqns_xn*、*Jacb*、*invJacb* 分别代表流程图中 *x*、*Eqns(x)*、*x*$^{(n)}$、*Eqns(x*$^{(n)}$*)*、*J*$^{(n)}$、*[J*$^{(n)}$*]*$^{-1}$。具体求解步骤如下。

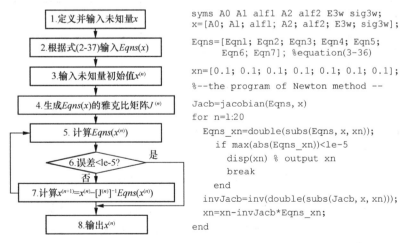

图 2-2　牛顿迭代法求解式（2-37）的流程图及 MATLAB 程序

1）将未知参数声明为符号变量，并将它们输入到列向量 *x* 中。在本例程将 $U_{cap,0}$、A_1、α_1、A_2、α_2、$E_{3\omega}$、$\sigma_{3\omega}$ 设定为"未知参数"，也即 MMC 采用闭环功率控制、闭环电容电压控制、闭环二倍频环流控制、开环三次谐波注入控制。如本节上文所述，未知参数可根据研究人员的研究目的来设定。上述 7 个未知参数在 MATLAB 例程中分别用变量名 *Ucap0*、*A1*、*alf1*、*A2*、*alf2*、*E3w*、*sig3w* 来表示。

2）将方程组输入到列向量 *Eqns* 中。显然在本例程中共导出 7 个等式来求解上述 7 个未知参数。这 7 个等式如式（2-37）及其子式（2-28）～式（2-31）、式（2-36）所示。

3）将未知参数的初值输入到向量 *xn* 中。*xn* 用于存储第 *n* 次迭代时未知参数的值。未知参数的初值可任意给定，但合适的初值可减少迭代次数。

4）生成 *Eqns* 关于 *x* 的雅可比矩阵。在 MATLAB 软件中，该步骤可借助库函数 jacobian（ , ）完成。

5）将 *xn* 的值代入 *x*，从而计算得到第 *n* 次迭代时 *Eqns* 的值。

6）如果误差小于 10^{-5} 则跳至第 8 步，否则迭代继续。

7）计算下一次迭代时 *xn* 的值，计算式如图 2-2 所示。

8）迭代结束。向量 *xn* 中的最终迭代结果即为求得的未知参数的值。

经过上述求解过程后，表 2-1 中所示的所有参数全部已知。因此，将这些参数带入到第一步和第二步所得的表达式中，即可求得 MMC 电气量随时间变化的值。

2.2.3　基于广义稳态模型的分析方法

图 2-3 是广义稳态分析模型的完整形式，通过广义稳态分析模型计算 MMC 中各电气量稳态值的过程共包括三步。

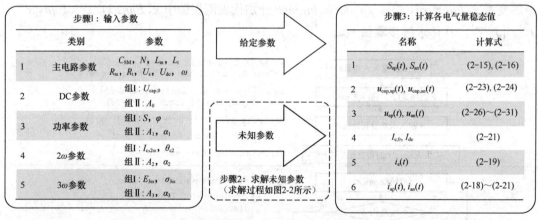

图 2-3　广义稳态分析模型的完整形式

步骤 1：输入参数。如上文所述，根据 MMC 参数的属性，可将其划分为主电路参数、DC 参数、功率参数、2ω 参数、3ω 参数等，除主电路参数外的每类参数又可再分成两组。MMC 参数中的主电路参数由换流器自身确定；其余每类参数中各有一组由研究人员根据研究目的给定，称为"给定参数"，另一组参数无法直接得知，称为"未知参数"。更详细的解释请参阅上节内容。

步骤 2：求解未知参数。因为存在"未知参数"，MMC 电气量的稳态值无法直接求得。

因此需要基于上节中所建立的平衡方程导出额外的等式来求解这些未知参数。未知参数求解过程如图 2-2 所示。

步骤 3：计算各电气量稳态值。在求得未知参数后，稳态计算所需的所有参数已获知。所以，可将这些参数直接带入 MMC 电气量的计算式中来计算其稳态值。电气量的计算式已在上节中推导得到，图 2-3 中汇总了部分电气量的计算式。

2.3　仿真验证

为了验证本章建立的 MMC 广义稳态分析模型，在 MATLAB/Simulink 软件平台中搭建了 MMC 的仿真模型。如表 2-2 是 MMC 的主电路参数，其拓扑结构如图 1-1 所示。

表 2-2　　　　　　　　　　　　　　　MMC 的主电路参数

参数名称	数值
基波频率 f	50Hz
额定功率 S_{rated}	200MW
额定线电压有效值	155kV
直流电压 U_{dc}	320kV
子模块个数 N	200
桥臂电抗 L_m	80mH
桥臂等效电阻 R_m	1.5Ω
交流侧变压器等效电抗 L_t	40mH
交流侧等效电阻 R_t	0.72Ω
子模块电容值 C_{SM}	6300μF
电容电压标准值 U_{dc}/N	1600V

2.3.1　广义稳态分析模型与传统模型的比较

本章提出的稳态分析模型可广泛用于研究多种稳态优化方法对 MMC 稳态性能提升的效果。本节将通过一个算例进一步阐述广义稳态分析模型的使用方法，并将该算例的计算结果、传统稳态分析模型计算结果、仿真结果进行比较。该算例以二倍频环流作为研究对象，分析了环流控制后对调制信号的影响。在算例中，MMC 的功率控制、二倍频环流控制、电容电压平均值控制均采用闭环功率控制器，MMC 的输出功率设定为 "P=160MW & Q=120Mvar"。

根据 2.2.3 节中所述，稳态计算过程共包括三步。

步骤 1：输入参数。在输入参数时需根据研究人员的研究目的来确定 **"给定参数"** 和 **"未知参数"**。本算例的研究目的为研究二倍频环流对换流器的影响，表 2-3 是 **"给定参数"** 和 **"未知参数"**，并作如下解释。

给定参数：①给定参数中的主电路参数可以根据表 2-2 得到；②由于电容电压平均值控制器将 $U_{cap,0}$ 控制为其额定值 U_{dc}/N，所以 DC 参数中 $U_{cap,0}$ 被设为给定参数，其值为 1600V；③MMC 的输出功率设置为 "$P=160MW$ & $Q=120Mvar$"，所以功率参数中 $S=200MVA$、$\varphi=0.6435$；④二倍频环流为研究对象，因此本算例中其幅值 $I_{c,2\omega}$ 为 0～300A，其相角 θ_{c2} 为 $-\pi\sim\pi$；⑤由于无三次谐波注入，所以 3ω 参数中 A_3 和 α_3 为给定参数，且它们的值都为 0。

未知参数：如 2.3.2 节中所述，各类参数中的另一组为未知参数；它们的值无法直接获知，并将在步骤 2 中进行计算。在本算例中，未知参数为 A_0、A_1、α_1、A_2、α_2、$E_{3\omega}$、$\sigma_{3\omega}$。

步骤 2：将给定参数的值代入方程组（2-37），然后根据图 2-2 所示的求解步骤和程序即可求解出该方程组，方程组（2-37）的解即为未知参数的值。

步骤 3：因为所有所需参数的值已知，所以可直接将这些参数的值代入如图 2-3 所示的表达式中，以计算各 MMC 电气量的稳态值。

表 2-3   "给定参数" 和 "未知参数"

类别	给定参数	未知参数
主电路参数	$C_{SM}=6300\mu F$	—
	$N=200$	—
	$L_m=80mH$	—
	$L_t=80mH$	—
	$R_m=1.5\Omega$	—
	$R_t=1.47\Omega$	—
	$U_s=126.56kV$	—
	$\omega=100\pi$	—
	$U_{dc}=320kV$	—
DC 参数	$U_{cap,0}=1600V$	A_0
功率参数	$S=200MW$	A_1
	$\varphi=0.6435$	α_1
2ω 参数	$0\leqslant I_{c,2\omega}\leqslant 300A$	A_2
	$-\pi\leqslant\theta_{c2}\leqslant\pi$	α_2
3ω 参数	$A_3=0$	$E_{3\omega}$
	$\alpha_3=0$	$\sigma_{3\omega}$

图 2-4 是不同二倍频环流下 A_0 的值，图 2-4 中采用本文所提方法得到的计算结果用曲面表示，采用传统方法得到的计算结果用平面表示，仿真结果用黑色小球表示。可以看到，调制信号中的直流分量 A_0 会受到二倍频环电流的影响。当环流的幅值为零时 $A_0=0.4875$；若注入幅值为 300A 的二倍频环流，则当 $\theta_{c2}=\pi/2$ 时 $A_0=0.4839$，当 $\theta_{c2}=-\pi/2$ 时 $A_0=0.4909$。此外，θ_{c2} 对 A_0 的影响随所注入环流幅值的增加而愈加显著。由图 2-4 中传统方法所得计算

结果可以看到，A_0 在所有环流下都等于 0.5；显然，上述中环流对 A_0 的影响无法在传统模型中反映。图 2-4 中的黑球为仿真所得结果，可以看到黑球与曲面吻合得很好，这说明本文所提方法的计算结果是准确的。与之相比，传统方法所得计算结果与仿真结果间存在误差，当所注入环流为 $I_{c,2\omega}$=300A、θ_{c2}=π/2 时，传统方法的计算误差可达 3.3%。

图 2-5 是不同二倍频环流下 A_1 的值。图中下曲面、上平面、黑球分别为本文所提方法的计算结果、传统方法的计算结果、仿真结果。由图 2-5 可知，当二倍频环流幅值 $I_{c,2\omega}$ 为零时，A_1 等于 0.4238。当所注入环流幅值增加到 300A 时，A_1 在 θ_{c2}=π/2 和 θ_{c2}=−π/2 时的值分别为 0.4102 和 0.4378。在传统方法所得计算结果中，A_1 的值并不随所注入环流的改变而变化，其恒等于 0.4534；这是因为在传统 MMC 模型中，仅考虑了 MMC 输出功率对 A_1 的影响，所以当 MMC 输出功率不变时 A_1 的值不变。图 2-5 中的黑球与下曲面吻合，这说明本文方法的计算结果是准确的。与本文所提方法相比，传统方法在 $I_{c,2\omega}$=0A 时的计算误差为 7.0%；当注入环流为 $I_{c,2\omega}$=300A、θ_{c2}=π/2 时，误差可达 10.5%。

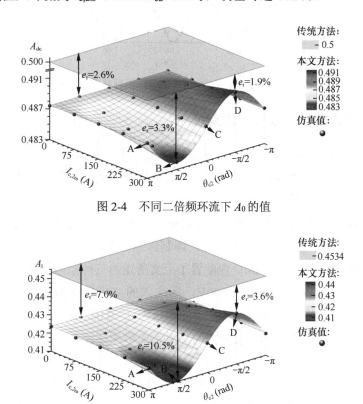

图 2-4　不同二倍频环流下 A_0 的值

图 2-5　不同二倍频环流下 A_1 的值

为了更清楚地体现对比结果，图 2-6 展示了调制信号 $S_{ap}(t)$ 在 A、B、C、D 四种情况下的稳态值。在情况 A、B、C、D 中，所注入的二倍频环流分别为"$I_{c,2\omega}$=300A, θ_{c2}=π""$I_{c,2\omega}$=300A, θ_{c2}=π/2""$I_{c,2\omega}$=300A, θ_{c2}=0""$I_{c,2\omega}$=300A, θ_{c2}=−π/2"。此外，这四种情况下的 A_0 和 A_1 也已在图 2-4 和图 2-5 中标识。图 2-6 中，实线为仿真所得波形，点线表示采用本文所提方

法得到的计算结果，虚线为传统方法的计算结果。可以看到，本文提出方法在所有四种情况下都较传统方法更准确。本文方法与仿真结果几乎完全吻合；与之相比，传统方法在四种情况下的最大计算误差分别为 3.67%、5.93%、5.08%、2.83%。

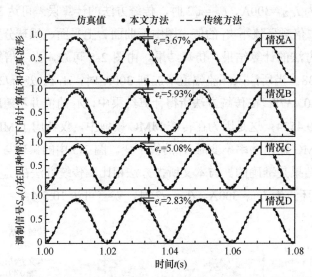

图 2-6 调制信号 $S_{ap}(t)$ 在 A、B、C、D 四种情况下的稳态值

2.3.2 广义稳态分析模型的准确性验证

在 2.3.1 节中，通过与传统稳态分析模型的对比可以看到，所提广义稳态分析模型具有更高的精度，且可以更准确地反映出 MMC 内各电气量间的耦合作用。本节将进一步对该广义稳态分析模型的准确性进行验证。

图 2-7 是 MMC 各电气量的计算值与仿真值的比较，图中从上到下的波形图分别为：子模块电容电压、桥臂电流、内部电动势、调制信号。在图 2-7 中，MMC 的输出功率为 P=200MW、Q=0Mvar；此外，MMC 内配置了上文所述的三种稳态优化控制器，其中子模块电容电压平均值被控制为 U_{dc}/N=1600V，所注入的二倍频环流的幅值和相角为 $I_{c,2\omega}$=300A、θ_{c2}=π/4，所注入三次谐波信号的幅值和相角为 A_3=0.05、α_3=π。需要注意的是，上述参数仅作为验证计算精度的示例，MMC 的功率、二倍频环流、三次谐波信号、电容电压平均值等亦可被控制为其他值。

如图 2-7 所示，由广义稳态分析模型得到的计算结果与仿真波形一致，图中二者间的差异几乎难以辨别。为了更清楚地展示计算结果与仿真结果间的误差，本文将仿真结果通过快速傅里叶变换（Fast Fourier Transform Algorithm，FFT）进行处理，继而得到了仿真波形中基波以及各次谐波的幅值和相角，表 2-4 为 MMC 电气量的计算值和仿真值。由表中数据可得，广义稳态分析模型可精确地计算出各 MMC 电气量的幅值和相角；对于各电气量的基波分量，其计算误差均小于 0.1%；对于各电气量的谐波分量，其最大计算误差仅为 0.39%。

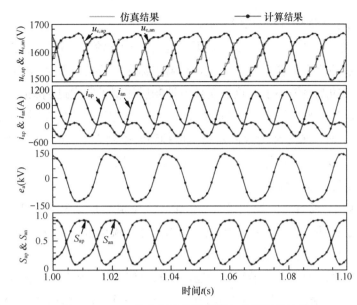

图 2-7　MMC 各电气量的计算值与仿真值的比较

表 2-4　　　　　　　　　　　　MMC 电气量的计算值和仿真值

名称		仿真值/计算值/误差	
		幅值	相角（rad）
$u_{c,ap}(t)$	dc	1600.0V/1600.0V/0.00%	N/A
	1ω	78.34V/78.37V/0.04%	4.285/4.284/0.02%
	2ω	20.73V/20.66V/0.34%	6.030/6.032/0.03%
	3ω	10.36V/10.40V/0.39%	2.843/2.846/0.11%
	4ω	2.54V/2.55V/0.39%	4.620/4.609/0.24%
$i_{ap}(t)$	dc	211.6A/211.7A/0.05%	N/A
	1ω	526.5A/526.8A/0.06%	0.000/0.000/0.00%
	2ω	300.0A/300.0A/0.00%	0.785/0.785/0.00%
$S_{ap}(t)$	dc	0.4935/0.4936/0.02%	N/A
	1ω	0.3940/0.3939/0.03%	3.302/3.301/0.03%
	2ω	0.0484/0.0483/0.21%	5.206/5.206/0.00%
	3ω	0.0500/0.0500/0.00%	6.283/6.283/0.00%
$e_{a}(t)$	ω	130.84kV/130.81kV/0.02%	0.204/0.204/0.00%
	3ω	13.83kV/13.87kV/0.29%	3.173/3.174/0.03%

为了进一步证明该模型在 MMC 的各种工况下均具有很高的精度，本文又将仿真波形和计算结果在多种情况下进行了对比，图 2-8 是 MMC 各电气量的计算值与仿真波形对比。在图中，MMC 的输出功率为 P=160MW、Q=120Mvar，图中仿真波形与广义稳态分析模型的计算结果高度重合。仿真总时间共计 4s，其中图 2-8（a）是 0.4s～2.2s 各电气量波形图，图 2-8（b）是 2.2s～4s 各电气量波形图。在图 2-8 中，从上到下的五行波形图分别为：A相环流、子模块电容电压、桥臂电流、三相环流、调制信号。图 2-8 中共包括六种情况：

（1）在 t=0s 至 t=1s 期间，MMC 的站级控制系统中仅含功率控制器；换言之，此时

MMC 未采用任何稳态优化方法对其稳态性能进行优化。

（2）当 $t=1$s 时，加入环流控制器，将环流电流中的交流分量抑制为零。由图 2-8 可以看到，系统稳定后环流中只含有直流分量，桥臂电流和电容电压显著减小；但是调制信号与过调制限制之间的距离缩小了，这说明环流抑制后加剧了发生过调制的风险。

（3）当 $t=1.6$s 时，加入电容电压平均值控制，将电容电压平均值控制到其额定值 1600V。

（4）当 $t=2.2$s 时，通过环流控制器将二倍频环流控制为 $I_{c,2\omega}=300$A、$\theta_{c2}=7\pi/12$。由图 2-8 可以看到，系统稳定后调制信号与过调制限制之间的距离增大了，这说明注入上述环流可减小 MMC 发生过调制的风险。

（5）当 $t=2.8$s 时，通过环流控制器将二倍频环流控制为 $I_{c,2\omega}=300$A、$\theta_{c2}=-\pi/8$。由图 2-8 可以看到，相较于将环流抑制为零的情况，注入上述环流可进一步减小电容电压波动；但是此时，调制信号已十分接近过调制状态。

（6）当 $t=3.4$s 时，加入三次谐波控制器，在原有调制信号的基础上注入幅值 $A_3=0.04$、相角 $\alpha_3=-3\pi/4$ 的三次谐波信号。由图 2-8 可以看到，三次谐波可有效降低 MMC 过调制的风险。

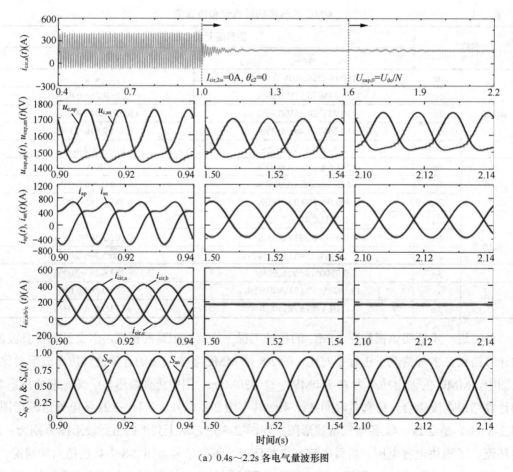

（a）0.4s～2.2s 各电气量波形图

图 2-8　MMC 各电气量的计算值与仿真波形对比（一）

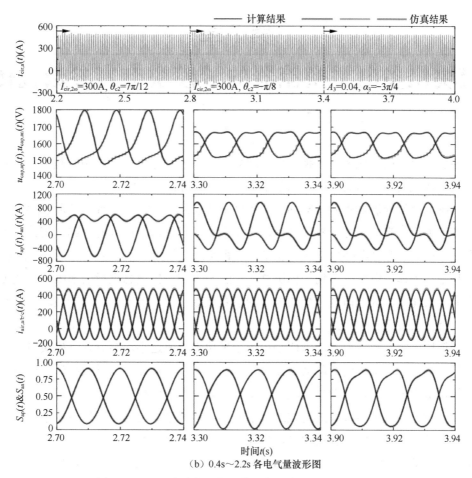

（b）0.4s～2.2s 各电气量波形图

图 2-8　MMC 各电气量的计算值与仿真波形对比（二）

　　如图 2-8 所示，所有情况下基于广义稳态分析模型得到的计算结果均与仿真波形一致，从而证明该模型在以上所有情况下都具有很高的精度。此外，通过上述过程可知，采用稳态优化控制器可有效提升 MMC 的稳态运行性能。

第3章

模块化多电平换流器的子模块电容参数优化

子模块电容在模块化多电平换流器中起到支撑系统直流电压的作用，是换流器的核心部件，关乎换流器的工程成本、体积重量、安全运行等诸多方面。

与传统两电平换流器不同，MMC 的桥臂电流会流过子模块电容，从而引起电容电压波动，使子模块电容电压处于悬浮状态，这是 MMC 型换流器的固有症结。因此在子模块电容参数选取时，需配置较大容量的电容，以减小电压波动给换流器安全运行带来的影响。实际工程中，子模块电容可占到子模块总体积的 50% 和子模块总重量的 80%，并在工程成本中占有很大比重。因此研究子模块电容的参数选取，提出准确合理的子模块电容参数选取方法具有重要意义。

在子模块电容参数选取时，若所采用的子模块电容值过小，会导致子模块电容和子模块内半导体器件的击穿，这会降低换流器运行的安全性，从而可能导致换流器停运；若采用的子模块电容值过大，会增加换流器的工程投资、占地面积、阀体重量等。虽然目前已有相关文献对子模块电容参数的选取进行了研究，但所选取出的子模块电容值不总能满足所设定的需求，子模块电容参数的选取和优化依然是面临的难点之一。

本章首先基于 MMC 广义稳态分析模型对子模块电容电压进行计算，提出了一种子模块电容电压的简化计算方法。该方法可在保证计算精度的前提下，可通过一个表达式计算出电容电压的稳态值，从而降低了计算的复杂度；然后从电容电压直流分量、运行域的影响、电容电压纹波的非对称性三个方面对现有电容参数选取方法进行分析；针对存在的问题，本章提出了一种基于广义稳态分析模型的电容参数分步计算方法，并仿真和实验验证了所提方法的有效性。

3.1 MMC 子模块电容电压精细化计算方法

3.1.1 基于广义稳态模型的电容电压计算方法

本书第 2 章提出了一种 MMC 广义稳态分析模型。经仿真验证，该模型可准确地计算出给定运行工况下子模块电容电压的稳态值。因而在电容参数选取时，电容电压的稳态值可基于该模型得到。在 MMC 广义稳态分析模型中，电容电压的稳态表达式如式（3-1）所示。

$$\begin{cases} u_{\text{cap,ap}}(t) = U_{\text{cap,0}} + \sum_{k=1,3,5} u_{\text{cap,k}\omega}(t) + \sum_{k=2,4} u_{\text{cap,k}\omega}(t) \\ u_{\text{cap,an}}(t) = U_{\text{cap,0}} - \sum_{k=1,3,5} u_{\text{cap,k}\omega}(t) + \sum_{k=2,4} u_{\text{cap,k}\omega}(t) \end{cases} \tag{3-1}$$

式中，子模块电容电压各倍频表达式如式（3-2）所示。

$$\begin{cases} u_{\text{cap,1}\omega}(t) = \left[\dfrac{A_0 S}{3U_s A_1} \sin(\omega t - \varphi) - I_{\text{c,0}} \sin(\omega t + \alpha_1) - \dfrac{I_{\text{c,2}\omega}}{2} \sin(\omega t - \alpha_1 + \theta_{\text{c2}}) \right. \\ \qquad\qquad \left. - \dfrac{A_3 I_{\text{c,2}\omega}}{2A_1} \sin(\omega t + \alpha_3 - \theta_{\text{c2}}) - \dfrac{A_2 S}{6U_s A_1} \sin(\omega t + \alpha_2 + \varphi) \right] \cdot \dfrac{A_1}{\omega C_{\text{SM}}} \\ u_{\text{cap,2}\omega}(t) = \left[\dfrac{A_0 I_{\text{c,2}\omega}}{2} \sin(2\omega t + \theta_{\text{c2}}) - \dfrac{A_2 I_{\text{c,0}}}{2} \sin(2\omega t + \alpha_2) \right. \\ \qquad\qquad \left. - \dfrac{A_1 S}{12U_s} \sin(2\omega t + \alpha_1 - \varphi) - \dfrac{A_3 S}{12U_s} \sin(2\omega t + \alpha_3 + \varphi) \right] \cdot \dfrac{1}{\omega C_{\text{SM}}} \\ u_{\text{cap,3}\omega}(t) = \left[-\dfrac{A_3 I_{\text{c,0}}}{3} \sin(3\omega t + \alpha_3) - \dfrac{A_1 I_{\text{c,2}\omega}}{6} \sin(3\omega t + \alpha_1 + \theta_{\text{c2}}) - \right. \\ \qquad\qquad \left. \dfrac{A_2 S}{18U_s} \sin(3\omega t + \alpha_2 - \varphi) \right] \cdot \dfrac{1}{\omega C_{\text{SM}}} \\ u_{\text{cap,4}\omega}(t) = -\dfrac{A_2 I_{\text{c,2}\omega}}{8\omega C_{\text{SM}}} \sin(4\omega t + \alpha_2 + \theta_{\text{c2}}) - \dfrac{A_3 S}{24\omega C_{\text{SM}} U_s} \sin(4\omega t + \alpha_3 - \varphi) \\ u_{\text{cap,5}\omega}(t) = -\dfrac{A_3 I_{\text{c,2}\omega}}{10\omega C_{\text{SM}}} \sin(5\omega t + \alpha_3 + \theta_{\text{c2}}) \end{cases} \tag{3-2}$$

基于广义稳态分析模型的电容电压计算过程共分三步：给定参数输入及未知参数指定、未知参数求解、电容电压计算。具体计算过程第 2 章中详述，故此处不再赘述。

3.1.2　基于广义稳态模型的电容电压简化计算方法

基于广义稳态分析模型的电容电压稳态值计算方法的优点是通用性强，可适用于采用开环或闭环功率控制的 MMC、含有或未含有环流控制器的 MMC、采用或未采用平均电压控制的 MMC 等。但该方法的计算过程较为烦琐，在计算电容电压时需先通过数值法求解非线性方程组。

本节将对 3.1.1 节所述的广义稳态分析模型进行简化，从而提出一种电容电压的简化计算方法，在满足计算准确性的要求下，使电容电压的稳态值可由一个表达式直接计算得到。需要注意的是，该方法仅适用于采用闭环功率控制并含有环流抑制控制器的 MMC。也就是说，换流器除环流抑制控制外不含有其他的稳态优化控制方法，这是目前最普遍的换流器控制系统配置方式，广泛使用在现有工程和研究工作中。

由于换流器采用闭环功率控制和环流抑制控制，换流器的开关函数可由式（3-3）表示。

$$\begin{cases} S_{\text{ap}}(t) = \dfrac{1}{2} - A_1 \cos(\omega t + \alpha_1) - A_2 \cos(2\omega t + \alpha_2) \\ S_{\text{an}}(t) = \dfrac{1}{2} + A_1 \cos(\omega t + \alpha_1) - A_2 \cos(2\omega t + \alpha_2) \end{cases} \tag{3-3}$$

若忽略换流器损耗，则桥臂电流的直流分量 $I_{c,0}$ 可由式（3-4）计算。此外，因环流抑制控制器的作用，换流器桥臂电流中不含偶数次谐波分量。

$$I_{c,0} = \frac{S \cos(\varphi)}{3U_{\text{dc}}} \tag{3-4}$$

因此，将 $A_0=1/2$、$A_3=0$、$I_{c,2\omega}=0$ 以及式（3-4）代入 3.2.1 节的电容电压表达式（3-1）中，即可得到简化后的电容电压表达式（3-5）。

$$\begin{cases} u_{\text{cap,ap}}(t) = U_{\text{cap,0}} + u_{\text{cap,1}\omega}(t) + u_{\text{cap,2}\omega}(t) + u_{\text{cap,3}\omega}(t) \\ u_{\text{cap,an}}(t) = U_{\text{cap,0}} - u_{\text{cap,1}\omega}(t) + u_{\text{cap,2}\omega}(t) - u_{\text{cap,3}\omega}(t) \end{cases} \tag{3-5}$$

式中：$u_{\text{cap,1}\omega}(t)$、$u_{\text{cap,2}\omega}(t)$、$u_{\text{cap,3}\omega}(t)$ 分别为电容电压的 1 倍频、2 倍频、3 倍频谐波分量；其表达式如式（3-6）所示。

$$\begin{cases} u_{\text{cap,1}\omega}(t) = \dfrac{S}{6\omega C_{\text{SM}}} \left[\dfrac{1}{U_s} \sin(\omega t - \varphi) - \dfrac{A_2}{U_s} \sin(\omega t + \alpha_2 + \varphi) - \dfrac{2A_1 \cos(\varphi)}{U_{\text{dc}}} \sin(\omega t + \alpha_1) \right] \\ u_{\text{cap,2}\omega}(t) = \dfrac{S}{12\omega C_{\text{SM}}} \left[-\dfrac{A_1}{U_s} \sin(2\omega t + \alpha_1 - \varphi) - \dfrac{2A_2 \cos(\varphi)}{U_{\text{dc}}} \sin(2\omega t + \alpha_2) \right] \\ u_{\text{cap,3}\omega}(t) = -\dfrac{A_2 S}{18\omega C_{\text{SM}} U_s} \sin(3\omega t + \alpha_2 - \varphi) \end{cases} \tag{3-6}$$

相较于 3.1.1 节中的电容电压表达，式（3-5）显然更为简单，但其仍含有五个未知参数，即 $U_{\text{cap,0}}$、A_1、α_1、A_2、α_2。因而仍然无法直接由该式计算得到电容电压在给定工况（S 和 φ）下的稳态值。

将 $A_0=1/2$、$A_3=0$、$I_{c,2\omega}=0$ 以及式（3-4）代入广义稳态分析模型中的平衡方程式，可得到式（3-7）。

$$\begin{aligned} U_{\text{m,dc}} + U_{\text{m,1}\omega}^{\text{D}} \cos(\omega t) + U_{\text{m,1}\omega}^{\text{Q}} \sin(\omega t) + U_{\text{m,2}\omega}^{\text{D}} \cos(2\omega t) + U_{\text{m,2}\omega}^{\text{Q}} \sin(2\omega t) \\ = U_{\text{DQ0}} + U_{\text{D1}} \cos(\omega t) + U_{\text{Q1}} \sin(\omega t) \end{aligned} \tag{3-7}$$

式中：$U_{\text{m,dc}}$、$U_{\text{m,1}\omega}^{\text{D}}$、$U_{\text{m,1}\omega}^{\text{Q}}$、$U_{\text{m,2}\omega}^{\text{D}}$、$U_{\text{m,2}\omega}^{\text{Q}}$ 的表达式如式（3-8）所示；U_{DQ0}、U_{D1}、U_{Q1} 的表达式如式（3-9）所示。

$$\begin{cases} U_{m,dc} = \dfrac{NU_{cap,0}}{2} + \dfrac{A_1 NS}{12\omega C_{SM} U_s} \sin(\alpha_1 + \varphi) - \dfrac{A_1 A_2 NS}{24\omega C_{SM} U_s} \sin(\alpha_1 - \alpha_2 - \varphi) \\[3mm] U_{m,1\omega}^{D} = -A_1 NU_{cap,0} \cos(\alpha_1) + \left[\dfrac{\cos(\varphi)\sin(\alpha_1 - \alpha_2)}{12 U_{dc}} - \dfrac{\cos(\varphi)\sin(\alpha_1)}{6 A_2 U_{dc}} \right] \cdot \dfrac{NSA_1 A_2}{\omega C_{SM}} \\[3mm] \qquad\quad - \left(\dfrac{1}{12} + \dfrac{A_1^2}{24} - \dfrac{A_2^2}{18} \right) \cdot \dfrac{NS \sin(\varphi)}{\omega C_{SM} U_s} \\[3mm] U_{m,1\omega}^{Q} = A_1 NU_{cap,0} \sin(\alpha_1) - \left[\dfrac{\cos(\alpha_1)\cos(\varphi)}{6 A_2 U_{dc}} + \dfrac{\cos(\alpha_1 - \alpha_2)\cos(\varphi)}{12 U_{dc}} \right] \cdot \dfrac{NSA_1 A_2}{\omega C_{SM}} \\[3mm] \qquad\quad + \left(\dfrac{1}{12} + \dfrac{A_1^2}{24} - \dfrac{A_2^2}{18} \right) \cdot \dfrac{NS \cos(\varphi)}{\omega C_{SM} U_s} \\[3mm] U_{m,2\omega}^{D} = -A_2 NU_{cap,0} \cos(\alpha_2) - \left[\dfrac{\sin(\alpha_1 - \varphi)}{8 A_2 U_s} + \dfrac{\sin(\alpha_1 - \alpha_2 + \varphi)}{36 U_s} - \dfrac{\sin(\alpha_1 + \alpha_2 + \varphi)}{12 U_s} \right. \\[3mm] \qquad\quad \left. + \dfrac{\cos(\varphi)\sin(\alpha_2)}{12 A_1 U_{dc}} \right] \cdot \dfrac{NSA_1 A_2}{\omega C_{SM}} + \dfrac{A_1^2 NS \sin(2\alpha_1)\cos(\varphi)}{6\omega C_{SM} U_{dc}} \\[3mm] U_{m,2\omega}^{Q} = A_2 NU_{cap,0} \sin(\alpha_2) - \left[\dfrac{\cos(\alpha_1 - \varphi)}{8 A_2 U_s} - \dfrac{\cos(\alpha_1 - \alpha_2 + \varphi)}{36 U_s} - \dfrac{\cos(\alpha_1 + \alpha_2 + \varphi)}{12 U_s} \right. \\[3mm] \qquad\quad \left. + \dfrac{\cos(\alpha_2)\cos(\varphi)}{12 A_1 U_{dc}} \right] \cdot \dfrac{NSA_1 A_2}{\omega C_{SM}} + \dfrac{A_1^2 NS \cos(2\alpha_1)\cos(\varphi)}{6\omega C_{SM} U_{dc}} \end{cases} \tag{3-8}$$

$$\begin{cases} U_{DQ0} = \dfrac{U_{dc}}{2} \\[3mm] U_{D1} = -\dfrac{2\omega S}{3 U_s} \left(L_t + \dfrac{L_m}{2} \right) \sin(\varphi) - U_s \\[3mm] U_{Q1} = \dfrac{2\omega S}{3 U_s} \left(L_t + \dfrac{L_m}{2} \right) \cos(\varphi) \end{cases} \tag{3-9}$$

根据待定系数法，等式中等号两边"$\cos(k\omega t)$"或"$\sin(k\omega t)$"（k=0、1、2）函数的系数相同。因此可由式（3-7）建立方程组式（3-10）。

$$\begin{cases} U_{m,dc} == U_{DQ0} \\[2mm] U_{m,1\omega}^{D} == U_{D1} \\[2mm] U_{m,1\omega}^{Q} == U_{Q1} \\[2mm] U_{m,2\omega}^{D} == 0 \\[2mm] U_{m,2\omega}^{Q} == 0 \end{cases} \tag{3-10}$$

方程组（3-10）中共包含五个等式，所以基于该方程组可求解得到电容电压直流分量 $U_{\text{cap},0}$ 和开关函数中 A_1、α_1、A_2、α_2 的表达式，求解结果如下。

电容电压直流分量 $U_{\text{cap},0}$ 如式（3-11）所示。

$$U_{\text{cap},0} = \frac{U_{\text{dc}}}{N} - \frac{A_1 S}{6 C_{\text{SM}} U_s \omega} \sin(\alpha_1 + \varphi) + \frac{A_1 A_2 S}{12 C_{\text{SM}} U_s \omega} \sin(\alpha_1 - \alpha_2 - \varphi) \tag{3-11}$$

开关函数中基频分量的幅值 A_1 和相角 α_1 的表达式如式（3-12）所示。

$$\begin{cases} A_1 = \dfrac{1}{2} \sqrt{\dfrac{M_2^2 + M_3^2}{M_4^2 + M_5^2}} \\[3mm] \alpha_1 = \arctan\left(\dfrac{M_3 M_4 + M_2 M_5}{M_2 M_4 - M_3 M_5}\right) \end{cases} \tag{3-12}$$

其中，$M_1 \sim M_5$ 为：

$$\begin{cases} L_{\text{eq}} = L_{\text{t}} + \dfrac{L_{\text{m}}}{2} \\[3mm] M_1 = \sqrt{U_s^2 + \dfrac{4 L_{\text{eq}}^2 S^2 \omega^2}{9 U_s^2} + \dfrac{4}{3} L_{\text{eq}} S \omega \sin(\varphi)} \\[4mm] M_2 = \dfrac{C_{\text{SM}} \omega U_s}{N} + \dfrac{S\left[M_1^2 - 2 U_{\text{dc}}^2\left(1 - \dfrac{8 C_{\text{SM}} L_{\text{eq}} \omega^2}{N}\right)\right]}{24 U_{\text{dc}}^2 U_s} \sin(\varphi) \\[5mm] M_3 = \dfrac{M_1^2 S N - 2 U_{\text{dc}}^2 S\left(N - 8 C_{\text{SM}} L_{\text{eq}} \omega^2\right)}{24 N U_{\text{dc}}^2 U_s} \cos(\varphi) \\[4mm] M_4 = \dfrac{C_{\text{SM}} U_{\text{dc}} \omega}{2N} - \dfrac{M_1 S}{24 U_{\text{dc}} U_s} \sin(\varphi) \\[4mm] M_5 = -\dfrac{S\left(M_1 - 2 U_s\right)}{24 U_{\text{dc}} U_s} \cos(\varphi) \end{cases} \tag{3-13}$$

开关函数中二倍频分量的幅值 A_2 和相角 α_2 的表达式如式（3-14）所示。

$$\begin{cases} A_2 = \dfrac{1}{2} \sqrt{\dfrac{N_1^2 + N_2^2}{N_3^2 + N_4^2}} \\[4mm] \alpha_2 = \begin{cases} \arctan\left(\dfrac{N_2 N_3 - N_1 N_4}{N_1 N_3 + N_2 N_4}\right) + \pi, & N_1 N_3 + N_2 N_4 < 0 \\[4mm] \arctan\left(\dfrac{N_2 N_3 - N_1 N_4}{N_1 N_3 + N_2 N_4}\right) & \text{else} \end{cases} \end{cases} \tag{3-14}$$

其中，$N_1 \sim N_4$ 为：

$$
\begin{cases}
N_1 = -\dfrac{A_1^2 S U_s \cos(\varphi)}{3 U_{dc} U_s}\sin(2\alpha_1) + \dfrac{A_1 S U_{dc}}{4 U_{dc} U_s}\sin(\alpha_1 - \varphi) \\[3mm]
N_2 = \dfrac{A_1^2 S U_s \cos(\varphi)}{3 U_{dc} U_s}\cos(2\alpha_1) - \dfrac{A_1 S U_{dc}}{4 U_{dc} U_s}\cos(\alpha_1 - \varphi) \\[3mm]
N_3 = -\dfrac{C_{SM} U_{dc} \omega}{N} + \dfrac{2 A_1 S}{9 U_s}\sin(\alpha_1 + \varphi) \\[3mm]
N_4 = \dfrac{S\cos(\varphi)}{12 U_{dc}} - \dfrac{A_1 S\cos(\alpha_1 + \varphi)}{9 U_s}
\end{cases}
\tag{3-15}
$$

至此，在已知 MMC 主电路参数后，可根据式（3-5）求得电容电压在给定运行工况（S 和 φ）下的稳态值。式（3-5）中各参数的表达式如式（3-6）、式（3-11）～式（3-15）所示。需要说明的是，尽管在上述内容中电容电压表达式由式（3-5）及其多个子式构成，但其可合成一个表达式；换言之，电容电压的稳态值是由一步计算得到，为表述清晰将其写为多个子式的形式。各子式的带入顺序为：式（3-13）→式（3-12）→式（3-15）→式（3-14）→式（3-11）→式（3-6）→式（3-5）。

3.2　传统子模块电容参数选取方法的问题

已有相关文献对 MMC 子模块电容参数的选取进行了研究，但所选取出的子模块电容值不总能满足所设定的需求，子模块电容参数的选取和优化依然是面临的难点之一。本节将对已有电容参数选取方法进行分析。本节图 3-1～图 3-4 中所用 MMC 的参数如表 3-1 所示。

表 3-1　　　　　　　　　　　　　　　MMC 参数列表

项目名称	参数值
额定功率 S_{rated}	15MVA
基波频率 f	50Hz
线电压有效值	31kV
直流电压 U_{dc}	±30kV
桥臂子模块数量	30
电容电压额定值 V_{rated}	2000V
桥臂电抗 L_m	22mH
交流侧等效连接电抗 L_t	22mH
电容值 C_{SM}	1850μF
运行域	$0 \leq S \leq 15\text{MVA} \,\&\, -\pi \leq \varphi \leq \pi$

3.2.1　子模块电容电压直流分量影响

根据 3.1 节的内容可知，MMC 的子模块电容电压由直流分量和交流分量构成。在现有的电容参数选取方法中，电容电压的直流分量通常被视为恒定值，其值等于 U_{dc}/N。而实际运行中，电容电压的直流分量通常会随 MMC 的运行工况而改变。

由第 2 章中所建立的平衡方程（2-32），可得到式（3-16），即平衡方程中等号左右的直流分量相等。

$$\{N \cdot S_{ap}(t) \cdot u_{cap,ap}(t)\}\big|_{dc} = \frac{U_{dc}}{2} - R_m I_{c,0} \tag{3-16}$$

式中：符号 $\{\cdot\}|_{dc}$ 代表表达式中的直流分量；$S_{ap}(t)$ 的表达式如式（3-3）所示。

若电容电压 $u_{cap,ap}(t)$ 仅含有直流分量 $U_{cap,0}$ 并忽略换流器损耗，则式（3-16）可化简为

$$U_{cap,0} = \frac{U_{dc}}{N} \tag{3-17}$$

但是在 MMC 正常运行时，其桥臂电流会流过子模块电容，使电容不断地充电与放电，引起电容电压波动。因此，其电容电压除含有直流分量外，还含有交流谐波分量，这也可由 3.1 节推得的电容电压表达式看出。故式（3-17）为理想情况下电容电压直流分量的计算式。

将式（3-3）和式（3-5）代入式（3-16），并忽略损耗可得：

$$U_{cap,0} = \frac{U_{dc}}{N} + \left\{2A_1 \cos(\omega t + \alpha_1) \cdot u_{cap,1\omega}(t)\right\}\big|_{dc} + \left\{2A_2 \cos(2\omega t + \alpha_2) \cdot u_{cap,2\omega}(t)\right\}\big|_{dc} \tag{3-18}$$

在式（3-18）中，$u_{cap,1\omega}(t)$ 和 $u_{cap,2\omega}(t)$ 分别为电容电压中的一次交流谐波分量和二次交流谐波分量，它们皆为正弦函数，其表达式如式（3-6）所示。需要注意的是，当两个相同频率的正弦函数作乘积运算时，会产生直流分量；正是由于该分量的作用，使 $U_{cap,0}$ 不再恒等于 U_{dc}/N。

基于 3.1 节所述的电容电压计算模型，图 3-1 为不同运行工况下 $U_{cap,0}$ 的计算结果。图 3-1（a）不同 S 和 φ 时 $U_{cap,0}$ 的计算值。对于相同的 S，$U_{cap,0}$ 随 φ 呈现出类似于正弦的变化，$U_{cap,0}$ 分别在功率因数角为 $-\pi/2$ 和 $\pi/2$ 时达到其最大值和最小值。此外，随着 MMC 输出功率的增加，$U_{cap,0}$ 随 φ 的变化逐渐增大。为了进一步分析 $U_{cap,0}$ 随 φ 的变化，图 3-1（b）为不同 φ 时 $U_{cap,0}$ 的计算值（S=15MW）。在额定功率下，$U_{cap,0}$ 的最大值和最小值分别为 2065V 和 1920V。它们之间的差值可达到电容电压额定值（2000V）的 7.3%。因此，应考虑 MMC 运行工况对电容电压直流分量的

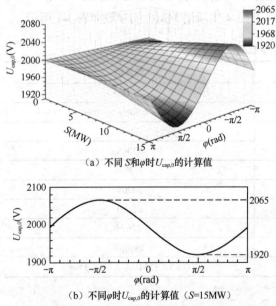

（a）不同 S 和 φ 时 $U_{cap,0}$ 的计算值

（b）不同 φ 时 $U_{cap,0}$ 的计算值（S=15MW）

图 3-1 不同运行工况下 $U_{cap,0}$ 的计算结果

影响。在电容参数选取时，如将 $U_{cap,0}$ 视为恒定值，则可能会因电容电压的计算误差使所选取的子模块电容值不能满足所设定的工程要求。

3.2.2　MMC 运行域的影响

在电容参数选取中，子模块电容电压是最重要的指标。当 MMC 运行时，若电容电压过高，不仅会降低子模块电容的使用寿命，还易导致子模块内半导体器件击穿，从而降低换流器的可靠性。由电容电压稳态值表达式（3-2）可知，电容电压与 MMC 的运行工况息息相关。因此，为确保电容电压始终小于其最大容许值，需要获知 MMC 运行域内电容电压的最大值，并根据该值选取合适的子模块电容值。

目前电容参数选取方法在两个方面需进一步改进。一方面，电容电压计算模型未充分考虑换流器运行工况对电容电压的影响，包括电容电压直流分量 $U_{cap,0}$ 随运行工况的变化等；另一方面，在选取子模块电容参数时，通常将 MMC 的运行域视为圆形，即 "$0 \leqslant S \leqslant S_{rated}$ & $-\pi \leqslant \varphi \leqslant \pi$"。在实际工程中，MMC 的运行域也可能为多边形或椭圆形。针对上述两方面，本节将深入分析 MMC 运行工况和运行域对电容参数选取的影响。

定义电容电压峰值 $V_{c,p}$、电容电压谷值 $V_{c,v}$、电容电压波动幅度 V_{ripple} 如式（3-19）所示。

$$\begin{cases} V_{c,p} = \max[\ u_{cap,ap}(t)\ ] & t \in [0,T] \\ V_{c,v} = \min[\ u_{cap,ap}(t)\ ] & t \in [0,T] \\ V_{ripple} = \dfrac{V_{c,p} - V_{c,v}}{2} \end{cases} \tag{3-19}$$

式中：T 表示基波周期。

图 3-2 为不同工况下 V_{ripple} 的计算结果，该结果通过 3.1 节所示的电容电压稳态值计算方法得到。由图 3-2（a）可以看出，在相同的 φ 下，V_{ripple} 随 S 的增加而增大；换言之，电容电压的波动随换流器视在功率的增加而变大。当视在功率保持不变时，φ 越靠近 $\pi/2$ 和 $-\pi/2$，V_{ripple} 的值越大。图 3-2（b）更清楚地展示了相同 S 下 V_{ripple} 随 φ 的变化，图中 S 设为其额定值 15MW。V_{ripple} 在 MMC 仅向交流电网输出无功功率（$\varphi=\pi/2$）时达到其最大值；V_{ripple} 在 MMC 仅向交流电网输出有功功率（$\varphi=0$ 或 π）时达到其最小值。

图 3-3 展示了不同工况下 $V_{c,p}$ 的计算结果，所得结果同样基于 3.1 节所示的电容电压稳态值计算方法得到。由图 3-3（a）可以看出，在相同的 φ 下，电容电压峰值 $V_{c,p}$ 随换流器视在功率的增加而增大。当视在功率保持不变时，φ 越靠近 $-\pi/2$，V_{ripple} 的值越大。

图 3-3（b）更清晰地展示了相同 S 下 $V_{c,p}$ 随 φ 的变化。尽管在上段分析中可知电容电压的波动幅度在 $\varphi=\pi/2$ 时达到其最大值，但该功率因数角下电容电压峰值却并未很高。从图可以看出，电容电压的峰值出现在 $\varphi=-\pi/2$ 时，即 MMC 运行在仅发出无功功率的状态。

基于上述分析结果，可得出以下结论。

1）相同视在功率下，电容电压波动幅度 V_{ripple} 在 MMC 运行于吸收无功功率状态下达到其最大值，且 V_{ripple} 在 $\varphi=\pi/2$ 与 $\varphi=-\pi/2$ 两种运行工况下的值不同。因而在电容参数选取时，应在 "$S=S_{rated}$ & $\varphi=\pi/2$" 的运行工况计算 V_{ripple}，其中 S_{rated} 表示 MMC 的额定视在功率。

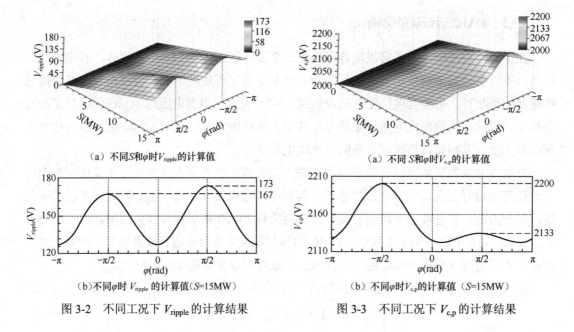

（a）不同 S 和 φ 时 V_{ripple} 的计算值　　　　　　（a）不同 S 和 φ 时 $V_{c,p}$ 的计算值

（b）不同 φ 时 V_{ripple} 的计算值（S=15MW）　　　（b）不同 φ 时 $V_{c,p}$ 的计算值（S=15MW）

图 3-2　不同工况下 V_{ripple} 的计算结果　　　　　图 3-3　不同工况下 $V_{c,p}$ 的计算结果

2）相同视在功率下，电容电压峰值 $V_{c,p}$ 在 $\varphi = -\pi/2$ 处达到其最大值；且功率因数角 $\varphi = -\pi/2$ 时的 $V_{c,p}$ 显著高于 $\varphi = \pi/2$ 时的 $V_{c,p}$，这是因为 $U_{cap,0}$ 在 $\varphi = \pi/2$ 处达到其最低值，继而减小了电容电压在该工况下的峰值。因而在电容参数选取时，应在"$S=S_{rated}$ & $\varphi = -\pi/2$"的运行工况下计算 $V_{c,p}$。

3）相同的 φ 下，$V_{c,p}$ 和 V_{ripple} 都与 S 呈正相关关系；所以 $V_{c,p}$ 和 V_{ripple} 的最大值必然出现在 MMC 运行域的边界处。当 MMC 的运行域为非圆形时，该结论可显著减少电容参数选型时的计算量，具体内容将在 3.3 节中阐述。

3.2.3　子模块电容电压纹波非对称性

传统的电容参数选取方法最大的优点是计算简便，但同时也存在尚未充分考虑的方面；本节的下述内容将具体分析该类方法中尚未充分考虑的方面。传统方法的推导过程如式（3-20）～式（3-22）所示。

$$
\begin{aligned}
\Delta E_{arm} &= \frac{1}{2} N C_{SM} (V_{c,p}^2 - V_{c,v}^2) \\
&= \frac{1}{2} N C_{SM} [V_{rated}^2 (1+\varepsilon)^2 - V_{rated}^2 (1-\varepsilon)^2] \\
&= 2 N C_{SM} V_{rated}^2 \varepsilon
\end{aligned} \tag{3-20}
$$

其中，

$$
\varepsilon = \frac{V_{c,p} - V_{rated}}{V_{rated}} \ or \ \frac{V_{rated} - V_{c,v}}{V_{rated}} \tag{3-21}
$$

式中：V_{rated} 为电容电压额定值；ΔE_{arm} 表示桥臂能量的波动幅度；ε 表示电容电压波动率。

通过求解式（3-20），可以得到所需的电容值，其计算式为

$$C_{\mathrm{SM}} = \frac{\Delta E_{\mathrm{arm}}}{2NV_{\mathrm{rated}}^2 \varepsilon} \qquad (3\text{-}22)$$

上述推导过程的前提条件为：电容电压波动的峰值 $V_{\mathrm{c,p}}$ 和谷值 $V_{\mathrm{c,v}}$ 关于电容电压额定值 V_{rated} 对称。换言之，上述推导假定等式（3-23）恒成立。

$$V_{\mathrm{c,max}} - V_{\mathrm{rated}} = V_{\mathrm{rated}} - V_{\mathrm{c,min}} \qquad (3\text{-}23)$$

然而该假定会引入较大误差。以 A 相上桥臂为例，图 3-4 为 $S=15\mathrm{MW}$、$\varphi=\pi/2$ 工况下电容电压的波形。图中的前三个子图分别展示了电容电压纹波中的一次谐波、二次谐波、三次谐波，其表达式如式（3-1）所示。图 3-4 的第四个子图为电容电压纹波，也即电容电压中的交流分量；该电压纹波为各次谐波分量之和。可以看到，电容电压的波动并不是相对于水平轴对称的，其峰值和谷值分别为 213V 和 −134V，峰值高于谷值 59%。

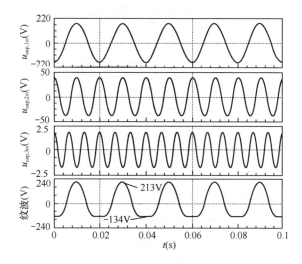

图 3-4　$S=15\mathrm{MW}$、$\varphi=\pi/2$ 工况下的电容电压波形

众所周知，如果一个函数同时包含奇数次和偶数次的正弦量，则该函数将不会相对于 x 轴对称。由式（3-1）可知，电容电压纹波中同时包含奇数次和偶数次的正弦谐波量，故电容电压纹波的不对称特性主要是由电容电压的偶数次谐波成分导致。因此，对于上述电容参数选取方法，其假定电容电压纹波关于水平轴对称，该假设将忽略偶数次谐波分量对电容电压的影响，因而可能导致所选取的电容参数有偏差。

3.3　MMC 子模块电容参数优选方法

3.3.1　子模块电容参数优选方法

本节提出一种改进的电容参数选取方法。该方法以广义稳态分析模型为基础，从而可准确地计算出不同工况下的电容电压稳态值，并且在参数选取时充分考虑了 MMC 运行域对电容参数选取的影响。改进的电容参数选取方法共包括三步，具体步骤如下。

步骤 1：搜寻运行工况点"S_{set1} & φ_{set1}"和"S_{set2} & φ_{set2}"。

根据 3.2 节分析可知，$V_{c,p}$ 与 V_{ripple} 受换流器运行工况 S 和 φ 的影响。为确保电容电压在 MMC 的整个运行域内均能满足设计要求，需要找到 $V_{c,p}$ 和 V_{ripple} 达到最大值时换流器的运行工况。在本文中，将"S_{set1} & φ_{set1}"定义为 $V_{c,p}$ 达到最大值时 MMC 的运行工况。将"S_{set2} & φ_{set2}"定义为 V_{ripple} 达到最大值时 MMC 的运行工况。

搜寻运行工况点"S_{set1} & φ_{set1}"和"S_{set2} & φ_{set2}"的流程图如图 3-5 所示。该流程基于 3.2.2 节中所得结论：$V_{c,p}$ 和 V_{ripple} 的最大值必然出现在 MMC 运行域的边界处。具体搜寻过程如下。

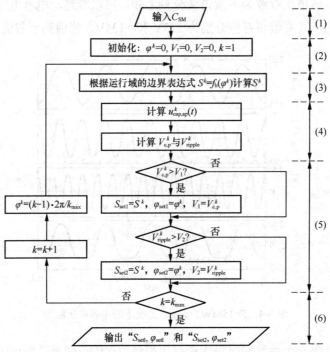

图 3-5 搜寻运行工况点"S_{set1} & φ_{set1}"和"S_{set2} & φ_{set2}"流程图

（1）输入电容值 C_{SM}。C_{SM} 的推荐值为 $50 \cdot N \sim 200 \cdot N\ \mu F$，其中 N 为单桥臂子模块数量。所输入 C_{SM} 的值仅影响迭代次数，而不会影响最终输出结果。

（2）初始化 φ^k、k、V_1、V_2。其中，k 为循环序数，φ^k 表示第 k 次循环时 φ 的值。V_1 和 V_2 分别用于存储循环过程中 $V_{c,p}$ 和 V_{ripple} 的最大值。

（3）计算 S^k。S^k 为第 k 次循环时 MMC 的视在功率。S^k 根据描述 MMC 运行域边界的函数 $f_b(\varphi^k)$ 计算得到。

（4）基于广义稳态分析模型得到的电容电压表达式（3-1）或式（3-5）计算出运行工况为"S^k & φ^k"时电容电压的稳态值 $u_{cap,ap}^k(t)$。由式（3-19）计算得到 $V_{c,p}^k$ 和 V_{ripple}^k。$u_{cap,ap}^k(t)$ 表示第 k 次循环时电容电压的稳态值，$V_{c,p}^k$ 和 V_{ripple}^k 分别表示第 k 次循环时 $V_{c,p}$ 和 V_{ripple} 的值。

（5）如果 $V_{c,p}^k > V_1$，则将 S^k、φ^k 赋值给 S_{set1}、φ_{set1}，并将 $V_{c,p}^k$ 赋值给 V_1。如果 $V_{ripple}^k > V_2$，

则将 S^k、φ^k 赋值给 S_{set2}、φ_{set2}，并将 V_{ripple}^k 赋值给 V_2。

（6）如果 $k < k_{max}$，则 k 的值增加 1，φ^k 的值增加 $2\pi/k_{max}$；然后程序返回到第（3）步。如果 $k=k_{max}$，则搜寻程序结束，输出运行工况点 "S_{set1} & φ_{set1}" 和 "S_{set2} & φ_{set2}"。

需要注意的是，根据 3.2.2 节的分析结果，若 MMC 的运行域为圆形（即 $0 \leqslant S \leqslant S_{rated}$、$-\pi \leqslant \varphi \leqslant \pi$），则 $V_{c,p}$ 将在 "$S=S_{rated}$ & $\varphi= -\pi/2$" 处达到其最大值；V_{ripple} 将在 "$S=S_{rated}$ & $\varphi=\pi/2$" 处达到最大值。因此，在该种情况下无须通过图 3-5 所示的搜寻程序来寻找运行工况点 "S_{set1} & φ_{set1}" 和 "S_{set2} & φ_{set2}"，而是可直接获知。

步骤 2：根据工程需求设定 $V_{allow,p}$ 和 $V_{allow,rip}$ 的值。

$V_{allow,p}$ 和 $V_{allow,rip}$ 分别代表 $V_{c,p}$ 和 V_{ripple} 的最大允许值。换句话说，在 MMC 的整个运行域内，$V_{c,p}$ 和 V_{ripple} 须始终满足式（3-5）以确保换流器的安全可靠运行。

$$\begin{cases} V_{c,p} \leqslant V_{allow,p} \\ V_{ripple} \leqslant V_{allow,rip} \end{cases} \tag{3-24}$$

在电容参数选取时，应综合考虑换流器的运行可靠性与工程造价。如果所设定的 $V_{allow,p}$ 与 $V_{allow,rip}$ 值较高，则最终计算得到的电容参数值会较小，这将导致电容电压波动较大，从而增加 IGBT 击穿的风险，降低 MMC 的运行可靠性。反之，如果所设定的 $V_{allow,p}$ 与 $V_{allow,rip}$ 值较低，则最终计算得到的电容参数值会相应地较高，这将增加 MMC 的工程造价和占地面积。因此，应在换流器的运行可靠性与工程造价间进行权衡，并根据工程的实际需求来设定 $V_{allow,p}$ 和 $V_{allow,rip}$ 的值。

根据工程经验，$V_{allow,p}$ 一般设定为电容电压额定值的 1.1 倍；$V_{allow,rip}$ 一般设为电容电压额定值的 10%。

步骤 3：计算满足要求的最小电容值。

满足要求的最小电容值计算流程图如图 3-6 所示。计算步骤中含有两个迭代过程："以满足 $V_{allow,p}$ 为目标的迭代过程" 和 "以满足 $V_{allow,rip}$ 为目标的迭代过程"。两个迭代过程的循环序数分别以上标 m 和上标 n 表示；在迭代过程中，第 m 次迭代的电容值和第 n 次迭代的电容值分别存储于变量 C_p^m 和变量 C_{rip}^n 中；图 3-6 中其他符号的定义与图 3-5 所述相同。

对计算过程的具体阐述如下：

（1）输入 "S_{set1} & φ_{set1}" "S_{set2} & φ_{set2}"、$V_{allow,p}$、$V_{allow,rip}$，它们的值已在步骤 1 和步骤 2 中获得。

（2）将迭代序数 m 和 n 初始化为零。为了快速找到满足要求的最小电容值，迭代过程将采用弦割法（Secant Method）。根据弦割法，需给出前两次迭代过程的电容值。它们的值仅影响迭代次数，而不影响最终输出结果。图中将第一次迭代的电容值设为 800μF，第二次迭代的电容值设为 1000μF。

（3）因为前两次迭代的电容值为直接给出，所以在前两次迭代时跳过电容值的计算。

（4）计算当前循环的电容值，计算式如图 3-6 所示。图中所示的计算式由弦割法的计算公式得到。

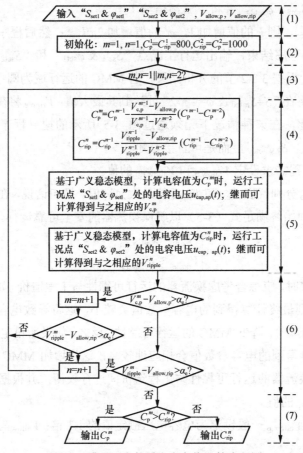

图 3-6 满足要求的最小电容值计算流程图

（5）基于广义稳态分析模型，计算电容值为 C_p^m 时，运行工况点 "S_{set1} & φ_{set1}" 处的电容电压 $u_{cap,ap}(t)$，然后根据式（3-19）计算相应的 $V_{c,p}^m$。基于广义稳态分析模型，计算电容值为 C_{rip}^n 时，运行工况点 "S_{set2} & φ_{set2}" 处的电容电压 $u_{cap,ap}(t)$，然后根据式（3-19）计算相应的 V_{ripple}^n。

（6）若 $V_{c,p}^m$ 与 $V_{allow,p}$ 之差大于容许误差 α_e，则循环序数 m 增加 1；若 V_{ripple}^n 与 $V_{allow,rip}$ 之差大于容许误差 α_e，则循环序数 n 增加 1；然后程序返回到第（3）步。若上述两项误差皆小于 α_e，则程序向下进行。

（7）比较 C_p^m 和 C_{rip}^n，将两者中的较大者输出，所得结果即为满足要求的最小电容值。

3.3.2 子模块电容参数选取算例

1. 电容参数选择算例 I

算例 I 将以表 3-1 所示的 MMC 为例，基于 3.3 节所提的电容参数选取方法对 MMC 的子模块电容参数进行选取，从而进一步对所提方法的使用进行阐释。参数选取过程如下所示。

步骤 1：搜寻运行工况点 "S_{set1} & φ_{set1}" 和 "S_{set2} & φ_{set2}"。如表 3-1 所示，该 MMC 的

运行域为"$0 \leqslant S \leqslant 15\text{MVA} \ \& \ -\pi \leqslant \varphi \leqslant \pi$",即运行域为圆形。因此根据 3.2.2 节分析可知，可直接得到工况点"$S_{\text{set1}} \ \& \ \varphi_{\text{set1}}$"的值为"$S_{\text{set1}} = 15\text{MVA} \ \& \ \varphi_{\text{set1}} = -\pi/2$"。工况点"$S_{\text{set2}} \ \& \ \varphi_{\text{set2}}$"的值为"$S_{\text{set2}} = 15\text{MVA} \ \& \ \varphi_{\text{set2}} = \pi/2$"。

步骤 2：根据工程需求设定 $V_{\text{allow,p}}$ 和 $V_{\text{allow,rip}}$ 的值。工程中 MMC 的电容电压峰值一般不应超过电容电压额定值的 1.1 倍，此外电容电压波动幅度应小于额定电容电压的 10%。因此，可得到二者的值为：$V_{\text{allow,p}} = 1.1 \times 2000 = 2200\text{V}$、$V_{\text{allow,rip}} = 0.1 \times 2000 = 200\text{V}$。

步骤 3：计算满足要求的最小电容值。该步骤基于弦割法寻找满足要求的最小电容值，计算过程中包含两个迭代过程。图 3-7 为计算满足要求最小电容值的迭代过程，其中图 3-7（a）展示了以满足 $V_{\text{allow,p}}$ 为目标的迭代过程，图 3-7（b）展示了以满足 $V_{\text{allow,rip}}$ 为目标的迭代过程。图中红色曲线为不同电容值时 $V_{\text{c,p}}$ 和 V_{ripple} 的值，该曲线基于所提的广义稳态分析模型计算得到。由图 3-7（a）可以看到，仅经过 6 次迭代后便可得到满足 $V_{\text{c,p}} \leqslant V_{\text{allow,p}}$ 的最小电容值，即 1850μF。由图 3-7（b）可以看到，同样经过 6 次迭代后，可得到满足 $V_{\text{ripple}} \leqslant V_{\text{allow,rip}}$ 的最小电容值为 1607μF。因此，当上述两项要求同时满足时，所需的最小电容值为 1850μF。

算例 I 所得结果将在 3.4 节仿真验证部分进行验证。

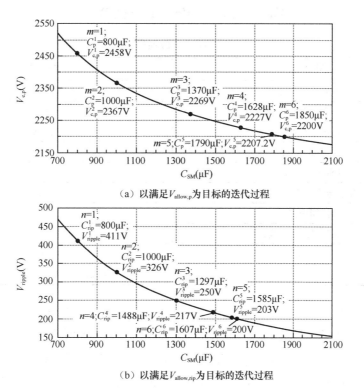

（a）以满足 $V_{\text{allow,p}}$ 为目标的迭代过程

（b）以满足 $V_{\text{allow,rip}}$ 为目标的迭代过程

图 3-7　计算满足要求最小电容值的迭代过程

2. 电容参数选择算例 II

表 3-2 为算例 II 中 MMC 的主电路参数。MMC 运行域如图 3-8 所示，该换流器的运行域为非圆形，其运行域为"$-3 \leqslant P \leqslant 3\text{kW} \ \& \ -4 \leqslant Q \leqslant 4\text{kVA}$"。根据图 3-8，描述 MMC 运行

域边界的边界表达式 $S=f_b(\varphi)$ 可表示为式（3-25）所示的形式。

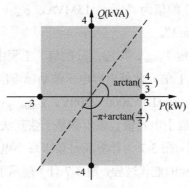

图 3-8 MMC 运行域

$$S=f_b(\varphi)=\begin{cases} -3/\arccos(\varphi), & \varphi\in[-\pi,-\pi+\arctan(4/3)) \\ -4/\arcsin(\varphi), & \varphi\in[-\pi+\arctan(4/3),-\arctan(4/3)) \\ 3/\arccos(\varphi), & \varphi\in[-\arctan(4/3),\arctan(4/3)) \\ 4/\arcsin(\varphi), & \varphi\in[\arctan(4/3),\pi-\arctan(4/3)) \\ -3/\arccos(\varphi), & \varphi\in[\pi-\arctan(4/3),\pi) \end{cases} \quad (3\text{-}25)$$

表 3-2   MMC 参数列表

项目名称	参数值
额定功率 S_{rated}	5kVA
基波频率 f	50Hz
线电压有效值	230V
直流电压 U_{dc}	±200V
桥臂子模块数量	4
电容电压额定值 V_{rated}	100V
桥臂电抗 L_m	2mH
交流侧等效连接电抗 L_t	2mH
电容值 C_{SM}	1450μF
运行域	$-3\leqslant P\leqslant3$kW & $-4\leqslant Q\leqslant4$kVA

基于 3.3.1 节所述的电容参数选取方法，该换流器子模块电容值的计算过程如下。

步骤 1：由于换流器的运行域为非圆形，所以需采用图 3-5 所示的程序来搜寻运行工况点 "S_{set1} & φ_{set1}" 和 "S_{set2} & φ_{set2}"。在搜寻过程中，将运行域边界的各点代入电容电压计算模型中，以找到分别使 $V_{c,p}$ 和 V_{ripple} 达到各自最大值的运行工况。搜寻程序中所用的边界表达式 $S=f_b(\varphi)$ 如式（3-25）所示。最后，当遍历运行域边界的各点后，可得知换流器在 "$S=$ 5kVA & $\varphi=-0.9273$" 时 $V_{c,p}$ 取得最大值，在 "$S=$5kVA & $\varphi=0.9273$" 时 V_{ripple} 取得最大值。因此，"$S_{set1}=$5kVA & $\varphi_{set1}=-0.9273$" 和 "$S_{set2}=$5kVA & $\varphi_{set2}=0.9273$"。

步骤 2：根据需求设定 $V_{allow,p}$ 和 $V_{allow,rip}$ 的值，将二者的值设为：$V_{allow,p}=1.1\times100=110$V、

$V_{\text{allow,rip}}$=0.1×100=10V。

步骤 3：在寻找满足要求最小电容值的迭代过程中，各参数的值如表 3-3 所示。可以看到，经过 5 次迭代后便可得到满足 $V_{\text{c,p}} \leqslant V_{\text{allow,p}}$ 的最小电容值为 1450μF，满足 $V_{\text{ripple}} \leqslant V_{\text{allow,rip}}$ 的最小电容值为 1267μF。因此，当上述两项要求同时满足时，所需的最小电容值为 1450μF。

算例Ⅱ所得结果将在 3.4 节实验验证部分进行验证。

表 3-3 迭代过程中各参数的值

项目名称	m=1, n=1	m=2, n=2	m=3, n=3	m=4, n=4	m=5, n=5
C_{p} (μF)	800	1000	1248	1385	1450
$V_{\text{c,p}}$ (V)	118.07	114.47	111.59	110.51	109.98
C_{rip} (μF)	800	1000	1169	1247	1267
V_{ripple} (V)	16.01	12.75	10.87	10.18	10.02

3.4 仿真验证

在 MATLAB/Simulink 中搭建 MMC 仿真验证平台，MMC 的拓扑结构为第 1 章中的 MMC 典型拓扑结构，主电路参数如表 3-1 所示。主电路参数中电容参数的选取过程如 3.3.2 节算例Ⅰ所示。图 3-9～图 3-12 为四种典型工况下电容电压的仿真波形和计算结果。计算结果通过 3.1.2 节中所述的基于广义稳态分析模型电容电压简化计算方法得到。四种典型工况分别为 "S=15MVA & φ=0rad" "S=15MVA & φ=π/2rad" "S=15MVA & φ=π rad" "S=15MVA & φ=−π/2rad"。

在图 3-9～图 3-12 中，图（a）均为换流器 A 相上下桥臂子模块电容电压仿真波形。由于单桥臂所包含的子模块数量较多，图中仅展示了各桥臂中前 10 个子模块的电容电压；其余子模块的电容电压与它们近似。图（b）均为仿真波形与计算结果对比。

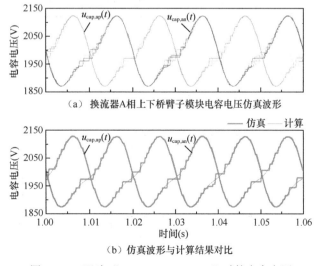

（a）换流器A相上下桥臂子模块电容电压仿真波形

（b）仿真波形与计算结果对比

图 3-9 工况为 "S=15MVA, φ=0rad" 时的电容电压

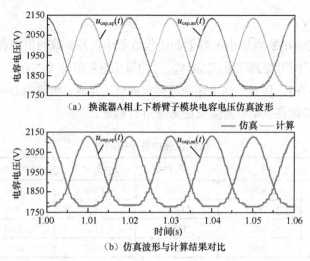

(a) 换流器A相上下桥臂子模块电容电压仿真波形

图 3-10 工况为 "S=15MVA, $\varphi=\pi/2$rad" 时的电容电压

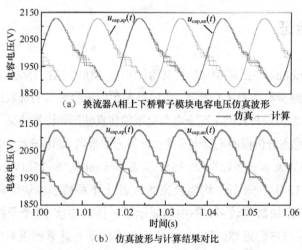

(b) 仿真波形与计算结果对比

图 3-11 工况为 "S=15MVA, $\varphi=\pi$ rad" 时的电容电压

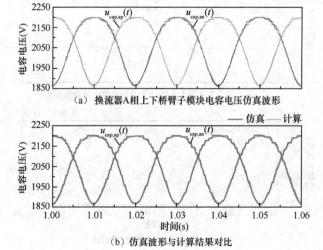

(a) 换流器A相上下桥臂子模块电容电压仿真波形

(b) 仿真波形与计算结果对比

图 3-12 工况为 "S=15MVA, $\varphi=-\pi/2$rad" 时的电容电压

如图 3-9（b）～图 3-12（b）所示，在四种典型工况下，所得计算结果与仿真波形都十分吻合，这说明由 3.1.2 节所提的电容电压简化计算方法具有较高的计算精度。

为了进一步验证其计算精度，将各工况下的计算结果汇总于表 3-4 中。表 3-4 展示了电容电压中直流分量、基波分量、二次谐波分量、三次谐波分量的幅值和相角。表中的仿真结果通过快速傅里叶变换对仿真数据进行处理得到。由表 3-4 可以看出，计算结果具有较小的误差；以直流分量为例，四种典型工况下的计算误差分别为 0.020%、0.026%、0.060%、0.087%。

表 3-4　　　　　　　　　　　　计算结果与仿真结果的对比

项目名称	工况		仿真值/计算值	
	S（MVA）	φ（rad）	幅值（V）	相角（rad）
$U_{cap,0}$	15	0	1993.4/1993.0	N/A
	15	$\pi/2$	1919.7/1920.2	N/A
	15	π	1994.2/1993.0	N/A
	15	$-\pi/2$	2066.9/2065.1	N/A
$u_{cap,1\omega}(t)$	15	0	109.93/110.10	1.489/1.491
	15	$\pi/2$	175.44/175.23	0.000/0.000
	15	π	109.98/110.10	−1.492/−1.491
	15	$-\pi/2$	165.66/165.92	−3.143/−3.141
$u_{cap,2\omega}(t)$	15	0	36.16/36.00	−1.442/−1.442
	15	$\pi/2$	38.54/39.29	3.136/3.141
	15	π	36.13/36.00	1.440/1.442
	15	$-\pi/2$	32.81/32.93	−0.003/0.000
$u_{cap,3\omega}(t)$	15	0	1.39/1.17	0.032/0.055
	15	$\pi/2$	1.49/1.76	3.128/3.141
	15	π	1.03/1.17	−0.036/−0.055
	15	$-\pi/2$	1.97/1.34	−2.900/−3.141

由图 3-9（a）～图 3-12（a）可以看到，V_{ripple} 的最大值出现在换流器运行工况为 "S=15MVA & φ=π/2rad" 时；在该工况下，V_{ripple} 的仿真值为 177.4V，因此在 MMC 的运行域内 V_{ripple} 始终小于 $V_{allow,rip}$。$V_{c,p}$ 的最大值出现在 "S=15MVA & φ= $-\pi$/2rad" 的运行工况时，该工况下 $V_{c,p}$ 为 2203.2V；该值与 3.3.2 节电容参数选取算例 I 中的计算结果吻合。因此，所选取的电容值 1850μF 符合设定的要求，仿真结果验证了本文所提电容参数选取方法的准确性。

通过上述仿真结果也可验证 3.2 节中的分析结果。

（1）由表 3-4 中的仿真结果可得，四种典型工况下的直流分量 $U_{cap,0}$ 分别为 1993.4V，1919.7V，1994.2V 和 2066.9V。这说 $U_{cap,0}$ 受 MMC 运行工况的影响。此外 $U_{cap,0}$ 分别在 φ=$-\pi/2$ 和 φ=$\pi/2$ 处达到其最大值和最小值。这也与 3.2 节中的分析结果相同。$U_{cap,0}$ 的最大值与最小值之差为 147.2V，即电容电压额定值的 7.36%，因此在电容参数选取中 $U_{cap,0}$ 不应被视为恒定值。

（2）由图 3-9～图 3-12 可得，在 "S=15MVA & φ=π/2rad" 的工况下，V_{ripple} 达到其最大值 177.4V，但受 $U_{cap,0}$ 的影响 $V_{c,p}$ 并不在电容电压波动幅度最大时达到最大值。

（3）由仿真波形可得，电容电压纹波的最大值和最小值关于电容电压额定值不对称；

以图 3-10 为例，最大电容电压和最小电容电压分别为 2137.2V 和 1782.5V，它们分别为电容电压额定值的 106.86%和 89.13%。

此外，本文将所提出的电容参数选取方法与其他传统方法进行了对比。在对比时，除电容参数外，MMC 的所有其他参数均相同。电容参数的计算结果如表 3-5 所示；表中的电容值分别由各传统方法得到。图 3-13 为 MMC 采用各电容值时 A 相上臂电容电压波形。在图 3-13（a）和图 3-13（b）中，换流器运行工况分别为"S=15MVA & φ=−π/2rad"和"S=15MVA & φ=π/2rad"。

表 3-5   电容参数选择方法所得结果对比

方法	电容参数（μF）
本文方法	1850
传统方法 1	1572
传统方法 2	1618
传统方法 3	1458
传统方法 4	2292

由图 3-13（a）可得，在分别采用 1850μF、1572μF、1618μF、1458μF、2292μF 的子模块电容时，MMC 的最大电容电压峰值分别为 2203V、2232V、2238V、2258V、2106V；电容电压峰值分别超出电容电压额定值 110.2%、111.6%、111.9%、112.9%、105.3%。由图 3-13（b）可得，分别采用上述容值的子模块电容时，电容电压波动幅度分别为 177V、195V、204V、218V、134V；波动幅度分别为电容电压额定值的 8.85%、9.75%、10.2%、10.9%、6.7%。因此，由传统方法 1、2、3 计算得到的电容值过小，这会增加子模块内半导体器件击穿的风险，继而降低 MMC 的可靠性。由传统方法 4 计算得到的电容值过大，会增加换流器成本。

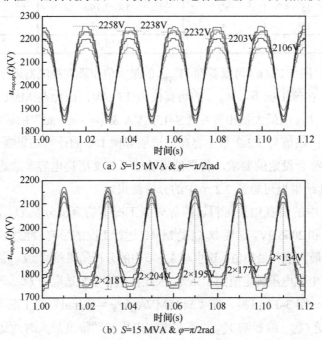

（a）S=15 MVA & φ=−π/2rad

（b）S=15 MVA & φ=π/2rad

图 3-13   MMC 采用各电容值时 A 相上臂电容电压波形

第4章

模块化多电平换流器过调制风险评估

4.1 MMC 过调制风险概述

MMC 是一项极具竞争力的技术。相较于两电平换流器拓扑，它具有模块化设计、少开关损耗、高波形质量、强故障处理能力等突出优点，正因如此，目前它已广泛应用于高压及中压直流领域。但同时，相比于两电平换流器，MMC 的拓扑结构更加复杂，导致对MMC 的研究难度更高。

无论对于两电平换流器还是多电平换流器来说，调制信号都起着至关重要的作用。控制 AC-DC 换流器的典型流程图如图 4-1 所示。它是由控制单元、调制级和主电路组成，其中调制信号由控制单元根据换流器的控制目标产生，并在调制阶段转换为 IGBT 的触发脉冲信号，以此来控制主电路中 IGBT 的通断状态。从流程中可以看出，调制信号在控制中扮演着重要角色，是连接控制单元和换流器主电路的桥梁。应注意的是，在实际工作中调制信号应始终在其允许的区间内，否则将会发生过调制现象，导致换流器工作不稳定。因此，学者们提出了调制比的概念，并用来评估 AC-DC 换流器的过调制风险。

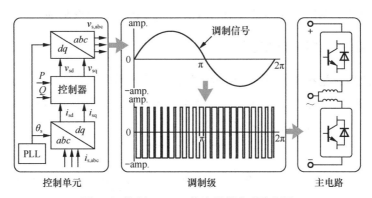

图 4-1　控制 AC-DC 换流器的典型流程图

对研究 MMC 来说，调制比是一个重要指标。其重要性主要体现在如下两个方面：首先，在 MMC 的设计过程中，选择的主电路参数应保证在 MMC 的整个工作区域不会发生过调制。因此，调制比作为主电路参数设计的重要依据，一般用于设计换流变压器、桥臂电感、直流侧额定电压等参数；其次，在 MMC 运行过程中，由于电网运行状态的变化，其交流侧电压可能会偏离额定值，这将会增加 MMC 的过调制风险。为解决这个问题，换流变压器配备了许多抽头，使变压器的变比可调。而调制比可用于辅助操作人员确定变压器抽头的合适位置，使调制信号始终在允许的区间内。

然而，MMC 的调制比这一概念尚未被深入研究，现有研究大都认为 MMC 调制比的概念与两电平换流器调制比的概念相同。事实上，MMC 和两电平换流器之间存在着很大区别。例如，MMC 的调制信号中不仅包含基波分量，而且包含直流分量及二次谐波分量；此外，MMC 的每个子模块中都有电容器，桥臂电流流经这些电容器后使得电容器电压中存在低次谐波。然而，目前广泛应用的 MMC 调制比的概念是类比于两电平换流器调制比的概念推导而来的；换言之，对 MMC 调制比进行定义时并没有考虑 MMC 自身的特殊性。因此，现有的 MMC 调制比的概念能否很好地反映 MMC 的调制特性，进而评估 MMC 的过调制风险，是有待商榷的。

在本章中，将从两电平换流器调制比的定义出发，介绍模块化多电平换流器的调制比的定义；在此基础上，推导出模块化多电平换流器传统调制比的精确计算表达式，分析用传统 MMC 调制比做过调制风险评估时的误差，总结出造成误差的原因，并用仿真验证；之后，提出精度更高、准确性更好的评估过调制风险的新方法，该评估方法基于动态调制比的概念，使评估过调制风险准确性达到了更高水平。

4.2　MMC 调制比基本定义

由于目前对 MMC 调制比的定义是由两电平换流器的调制比定义派生而来，因此在本节中首先将对两电平换流器的调制比定义进行介绍，之后通过类比得到 MMC 的调制比定义，为下一节的基于调制比评估过调制风险的误差分析打好理论基础。

4.2.1　两电平换流器调制比定义

两电平换流器典型拓扑如图 4-2 所示。如图所示，两电平换流器共有六个桥臂，每个桥臂由一个 IGBT 及一个与之反并联的二极管组成。两电平换流器的直流侧电容位于其正负直流母线之间，U_{dc} 表示换流器直流侧的电压值。

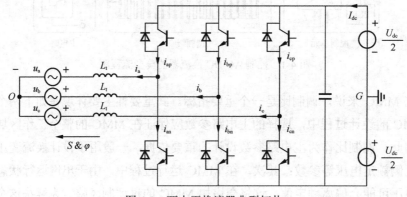

图 4-2　两电平换流器典型拓扑

以 A 相为例，两电平换流器中 A 相的调制信号 $S_{T,a}(t)$ 与电动势（Electromotive Force，EMF）$e_{T,a}(t)$ 的关系可以由式（4-1）表示：

$$e_{T,a}(t) = S_{T,a}(t) \cdot U_{dc} \tag{4-1}$$

$e_{T,a}(t)$ 与 $S_{T,a}(t)$ 的表达式分别如式（4-2）、式（4-3）所示。其中，E_T 和 A_T 分别表示两电平换流器中 EMF 和调制信号的幅值。

$$e_{T,a}(t) = E_T \cos(\omega t + \alpha_{eT}) \tag{4-2}$$

$$S_{T,a}(t) = A_T \cos(\omega t + \alpha_{sT}) \tag{4-3}$$

通过式（4-1）～式（4-3）可以推导出 E_T 和 A_T 之间的关系，如式（4-4）所示。通常来说，E_T/U_{dc} 的值被定义为两电平换流器的调制比 $M_{T,ratio}$。为了防止过调制，需要给调制比规定一个允许区间，该区间的范围如式（4-4）所示：

$$\begin{cases} M_{T,ratio} = \dfrac{E_T}{U_{dc}} = A_T \\ 0 \leqslant M_{T,ratio} \leqslant 1 \end{cases} \tag{4-4}$$

由调制比的定义可以看出，在两电平换流器中，调制比 $M_{T,ratio}$ 与调制信号中基频分量的幅值 A_T 相同；且由于调制信号仅包含基频分量，因此 $M_{T,ratio}$ 也等于调制信号的最大值。因此对于两电平换流器，调制比可以很好地反映其调制信号的特性，并且根据式（4-4）能够很容易地判断是否发生过调制。

4.2.2 MMC 调制比定义

在现有研究中，常用式（4-5）定义 MMC 的调制比：

$$\begin{cases} M_{ratio} = \dfrac{E_{MMC}}{U_{dc}} \\ 0 \leqslant M_{ratio} \leqslant \dfrac{1}{2} \end{cases} \tag{4-5}$$

其中，M_{ratio} 代表 MMC 中的调制比；E_{MMC} 表示 MMC 电动势中基频分量的幅值。

由式（4-4）和式（4-5）可以看出，MMC 中调制比的定义与两电平换流器调制比的定义是极其类似的，本质上采用了相同的定义思路。然而，两种拓扑之间存在显著差异，其关键区别在于两电平换流器的直流侧电容位于正负直流母线之间，而 MMC 中的直流侧电容位于每个子模块中，桥臂电流将流经子模块电容器，使电容器电压中包含低次谐波。两种换流器拓扑结构上的差异使得 MMC 具有两电平换流器所不具备的特征。因此，式（4-5）中定义的调制比很难像两电平换流器的调制比一样准确反映换流器的调制特性。

4.3 基于调制比评估过调制风险的误差分析

在当前的研究中，仍将传统调制比（conventional modulation ratio，CMR）作为评估是否过调制的重要指标。在使用 CMR 评估换流器过调制风险时，通常会做出如下四个假设：
①子模块电容电压中不存在谐波分量，并且其直流分量始终等于 U_{dc}/N；②认为调制信号中基频分量的相位角与 MMC 电动势的相位角相同，忽略二者之间的相角差；③忽略调制信号中的二次谐波分量；④调制信号的直流分量被认为是 1/2 的常数值，忽略平均电容电压控制的影响。

鉴于上述情况，可知采用 CMR 作为评估过调制风险的指标会存在一定程度上的误差，这种误差也将会影响到评估结果的准确性。在上一节给出的 MMC 调制比定义式的基础上，本节对 MMC 调制比的精确表达式进行了推导，指出并分析了 MMC 传统调制比（CMR）作为判断过调制指标所存在的三个问题。然后，为了证明这些问题的影响，给出了两个算例进行研究和验证。

4.3.1 MMC 调制比精确表达式推导

在本节中将通过公式推导得到调制比的精确表达式，为下一节的分析打下理论基础。

以 A 相为例，当采用平均电容电压控制、输出功率控制、环流抑制控制时，MMC 中上下桥臂的调制信号可以表示为

$$\begin{cases} S_{ap}(t) = A_0 - A_1\cos(\omega t + \alpha_1) - A_2\cos(2\omega t + \alpha_2) \\ S_{an}(t) = A_0 + A_1\cos(\omega t + \alpha_1) - A_2\cos(2\omega t + \alpha_2) \end{cases} \tag{4-6}$$

其中，$S_{ap}(t)$ 和 $S_{an}(t)$ 分别代表 A 相上、下桥臂的调制信号；A_0，A_1 和 A_2 分别表示调制信号中直流分量、基波分量、2 次谐波分量的幅值；α_1 和 α_2 表示基波分量与二倍频分量对应的相位角；A_0，A_1，α_1，A_2 和 α_2 的值可以根据第 2 章中的研究内容计算得出。

MMC 中 A 相的 EMF 用 $e_{MMC,a}(t)$ 表示，其定义式为

$$e_{MMC,a}(t) = \frac{u_{an}(t) - u_{ap}(t)}{2} \tag{4-7}$$

其中，$u_{ap}(t)$ 和 $u_{an}(t)$ 分别代表上桥臂电压和下桥臂电压。桥臂电压的表达式如式（4-8）所示：

$$\begin{cases} u_{ap} = N \cdot S_{ap}(t) \cdot u_{cap,ap}(t) \\ u_{an} = N \cdot S_{an}(t) \cdot u_{cap,an}(t) \end{cases} \tag{4-8}$$

其中，$u_{cap,ap}(t)$ 和 $u_{cap,an}(t)$ 分别是上桥臂和下桥臂的子模块电容电压。子模块电容器电压由直流分量 $U_{cap,0}$ 和波动分量组成，如式（4-9）所示。

$$\begin{cases} u_{cap,ap}(t) = U_{cap,0} + \dfrac{1}{C_{SM}}\displaystyle\int S_{ap}(t) \cdot i_{ap}(t)\mathrm{d}t \\ \qquad = U_{cap,0} + \displaystyle\sum_{k=1,3\cdots} u_{cap,k\omega}(t) + \sum_{k=2,4\cdots} u_{cap,k\omega}(t) \\ u_{cap,an}(t) = U_{cap,0} + \dfrac{1}{C_{SM}}\displaystyle\int S_{an}(t) \cdot i_{an}(t)\mathrm{d}t \\ \qquad = U_{cap,0} - \displaystyle\sum_{k=1,3\cdots} u_{cap,k\omega}(t) + \sum_{k=2,4\cdots} u_{cap,k\omega}(t) \end{cases} \tag{4-9}$$

其中，$U_{cap,0}$ 表示电容器电压中的直流分量；$u_{cap,k\omega}(t)$ 是电容器电压中的第 k 次波动分量($k=1$, 2, $3\cdots$)；$i_{ap}(t)$ 和 $i_{an}(t)$ 分别表示上桥臂和下桥臂的桥臂电流；C_{SM} 为电容器的电容数值。

然后，将式（4-6）、式（4-8）和式（4-9）代入式（4-7），MMC 中 EMF 与调制信号之间的关系可以表示为式（4-10）：

$$e_{MMC,a}(t) = A_1 N U_{cap,0} \cos(\omega t + \alpha_1) + \sigma[e_{MMC,a}] \tag{4-10}$$

其中，$\sigma[e_{MMC,a}]$ 表示由电容电压波动引入的分量，$\sigma[e_{MMC,a}]$ 的表达式如式（4-11）所示：

$$\begin{aligned}
\sigma[e_{MMC,a}] = & -A_0 N \cdot \sum_{k=1,3\cdots} u_{cap,k\omega}(t) + A_1 N \cos(\omega t + \alpha_1) \cdot \sum_{k=2,4\cdots} u_{cap,k\omega}(t) \\
& + A_2 N \cos(2\omega t + \alpha_2) \cdot \sum_{k=1,3\cdots} u_{cap,k\omega}(t)
\end{aligned} \tag{4-11}$$

然后，$\sigma[e_{MMC,a}]$ 中的基波分量，记为 $\{\sigma[e_{MMC,a}]\}_{1\omega}$，可以从（4-11）中提取。$\{\sigma[e_{MMC,a}]\}_{1\omega}$ 的具体的推导过程如下。

式（4-9）中的桥臂电流可以由式（4-12）表示：

$$\begin{cases}
i_{ap}(t) = \dfrac{I_{dc}}{3} + \dfrac{I_{s,1\omega}}{2} \cos(\omega t + \beta_1) + I_{c,2\omega} \cos(2\omega t + \theta_{c2}) \\[2mm]
i_{an}(t) = \dfrac{I_{dc}}{3} - \dfrac{I_{s,1\omega}}{2} \cos(\omega t + \beta_1) + I_{c,2\omega} \cos(2\omega t + \theta_{c2})
\end{cases} \tag{4-12}$$

其中，I_{dc} 和 $I_{s,1\omega}$ 是直流侧和交流侧电流的幅值；β_1 和 θ_{c2} 分别表示交流侧电流与二倍频环流的相角。

将式（4-6）和式（4-12）代入式（4-9），可得电容电压表达式；再将其代入式（4-11），可导出 $\{\sigma[e_{MMC,a}]\}_{1\omega}$ 的表达式如式（4-13）所示：

$$\left\{\sigma[e_{MMC,a}]\right\}_{1\omega} = E_{\sigma1\omega} \cos(\omega t + \alpha_{\sigma1\omega}) \tag{4-13}$$

式（4-13）中，$E_{\sigma1\omega}$、$\alpha_{\sigma1\omega}$ 分别表示 $\{\sigma[e_{MMC,a}]\}_{1\omega}$ 的幅值和相角，表达式如式（4-14）所示：

$$\begin{cases}
E_{\sigma1\omega} = \sqrt{E_{\sigma1\omega D}^2 + E_{\sigma1\omega Q}^2} \\[2mm]
\alpha_{\sigma1\omega} = \arctan\left(\dfrac{E_{\sigma1\omega D}}{E_{\sigma1\omega Q}}\right)
\end{cases} \tag{4-14}$$

其中，$E_{\sigma1\omega D}$ 和 $E_{\sigma1\omega Q}$ 在式（4-15）中给出：

$$\begin{aligned}
\begin{bmatrix} E_{\sigma1\omega D} \\ E_{\sigma1\omega Q} \end{bmatrix} = & \frac{A_0 A_1 I_{dc} N}{3\omega C_{SM}} \begin{bmatrix} \sin(\alpha_1) \\ \cos(\alpha_1) \end{bmatrix} + \frac{A_1 A_2 I_{dc} N}{12\omega C_{SM}} \begin{bmatrix} -\sin(\alpha_1 - \alpha_2) \\ \cos(\alpha_1 - \alpha_2) \end{bmatrix} \\
& + \frac{3A_0 A_1 I_{c,2\omega} N}{4\omega C_{SM}} \begin{bmatrix} -\sin(\alpha_1 - \theta_{c2}) \\ \cos(\alpha_1 - \theta_{c2}) \end{bmatrix} + \frac{A_1 A_2 I_{c,2\omega} N}{4\omega C_{SM}} \begin{bmatrix} \sin(\alpha_1 + \alpha_2 - \theta_{c2}) \\ \cos(\alpha_1 + \alpha_2 - \theta_{c2}) \end{bmatrix} \\
& - \frac{A_1 A_2 I_{c,2\omega} N}{12\omega C_{SM}} \begin{bmatrix} \sin(\alpha_1 - \alpha_2 + \theta_{c2}) \\ \cos(\alpha_1 - \alpha_2 + \theta_{c2}) \end{bmatrix}
\end{aligned} \tag{4-15}$$

$$-\frac{\left(24A_0^2+3A_1^2-4A_2^2\right)I_{s,1\omega}N}{48\omega C_{SM}}\begin{bmatrix}\sin(\beta_1)\\\cos(\beta_1)\end{bmatrix}$$

从式（4-10）～式（4-15）可得出 $e_{MMC,a}(t)$ 中基波分量的表达式，可以由式（4-16）表示：

$$e_{MMC,1\omega}(t)=A_1NU_{c,dc}\cos(\omega t+\alpha_1)+E_{\sigma1\omega}\cos(\omega t+\alpha_{\sigma1\omega}) \tag{4-16}$$

其中，$e_{MMC,1\omega}(t)$ 表示 $e_{MMC,a}(t)$ 中的基波分量。

因此，将式（4-16）代入式（4-5），可以得到调制比的详细表达式，如式（4-17）所示：

$$M_{ratio}=\sqrt{\frac{A_1^2N^2U_{cap,0}^2}{U_{dc}^2}+\frac{E_{\sigma1\omega}^2}{U_{dc}^2}+\frac{2A_1NU_{cap,0}E_{\sigma1\omega}}{U_{dc}^2}\cos(\alpha_1-\alpha_{\sigma1\omega})} \tag{4-17}$$

4.3.2　传统调制比评估过调制风险存在问题及分析

（1）问题一：MMC 中的调制比不能反映调制信号基波分量的信息，M_{ratio} 与 A_1 既不相等也不存在线性关系。

由式（4-4）可知，在两电平换流器中，调制比与调制信号的基波分量幅值成线性关系；因此，调制信号的基波幅值可以通过计算调制比来获知。这是调制比能很好地反映两电平换流器中调制信号信息的重要原因。

但是，比较式（4-17）和式（4-4）可知，MMC 中的调制比（即 M_{ratio}）与调制信号的基波幅值（即 A_1）不再具有线性关系。M_{ratio} 与 A_1 的关系图如图 4-3 所示。正如式（4-10）～

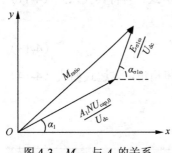

图 4-3　M_{ratio} 与 A_1 的关系

式（4-13）中所述，$E_{\sigma1\omega}$ 由电容电压波动产生，因此正是由于电容电压波动导致了 M_{ratio} 和 A_1 之间的非线性关系。此外，如式（4-4）所示，两电平换流器的调制比等于调制信号的基波幅值；然而，从式（4-17）和图 4-3 看出，即使 $E_{\sigma1\omega}$ 分量为零，M_{ratio} 仍然不等于 A_1。这是因为电容器电压的直流分量（即 $U_{cap,0}$）在 MMC 中并不总是等于 U_{dc}/N。因此可得出结论：MMC 中的调制比不能反映调制信号基波分量的信息，M_{ratio} 与 A_1 既不相等也不存在线性关系。

（2）问题二：采用平均电容电压控制时，调制信号的直流分量会导致调制裕度不对称。

通过比较式（4-6）和式（4-3），可知 MMC 中的调制信号中存在一个直流分量"A_0"。该直流分量由电容电压控制器产生，用于保持恒定的平均电容器电压。

根据图 1-1 中的拓扑结构，同时忽略桥臂电阻的影响，列写基尔霍夫电压方程，可以得到如式（4-18）所示的上臂电压关系：

$$\left\{u_{ap}(t)+L_m\frac{di_{ap}(t)}{dt}+L_t\frac{di_a(t)}{dt}+u_a(t)\right\}_{dc}=\frac{U_{dc}}{2} \tag{4-18}$$

其中，符号 $\{expression\}_{dc}$ 代表了表达式中的直流分量。

将式（4-6）、式（4-8）和式（4-12）代入式（4-18），A_0 与 $U_{cap,0}$ 之间的关系可以如式（4-19）所示：

$$A_0 = \frac{1}{2} \cdot \frac{1}{U_{cap,0} - \sigma[U_{cap,0}]} \cdot \frac{U_{dc}}{N} \tag{4-19}$$

其中，$\sigma[U_{cap,0}]$ 表示 $U_{cap,0}$ 中的次要分量，其详细表达式如式（4-20）所示：

$$\sigma[U_{cap,0}] = -\frac{A_1 I_{s,1\omega}}{4\omega C_{SM}}\sin(\alpha_1 - \beta_1) + \frac{A_1 A_2 I_{s,1\omega}}{16 A_0 \omega C_{SM}}\sin(\alpha_1 - \alpha_2 + \beta_1)$$
$$+ \frac{A_1^2 I_{c,2\omega}}{4 A_0 \omega C_{SM}}\sin(2\alpha_1 - \theta_{c2}) - \frac{A_2 I_{c,2\omega}}{4 A_0 \omega C_{SM}}\sin(\alpha_2 - \theta_{c2}) \tag{4-20}$$

由式（4-19）可知，由于 $\sigma[U_{cap,0}]$ 的存在，当采用平均电容电压控制将 $U_{cap,0}$ 保持为 U_{dc}/N 时，A_0 不再恒定等于 1/2，其值将由 MMC 的工作条件决定。A_0 对调制信号的影响如图 4-4 所示，可以看出 A_0 的存在会导致调制余量不对称。这样产生的结果是，调制特性不能仅仅通过调制信号基波分量幅值来反映。也就是说，即使 MMC 中的调制比能够准确地反映调制信号的基波分

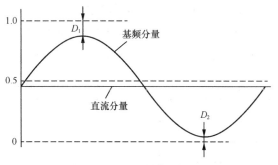

图 4-4 A_0 对调制信号的影响

量幅值，仍然无法根据调制比准确评估 MMC 的过调制风险。因此，第二个问题总结如下：采用平均电容电压控制时，调制信号的直流分量会导致调制裕度不对称。

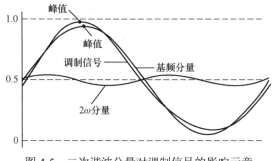

图 4-5 二次谐波分量对调制信号的影响示意

（3）问题三：由于二倍频调制信号的非线性叠加，无法从调制比得知调制信号的峰值。

当 MMC 采用环流抑制控制时，调制信号中会有二倍频分量。二次谐波分量对调制信号的影响示意图如图 4-5 所示。由于二倍频分量的存在，调制信号的最大值和最小值都偏离了调制信号基波分量的峰值。

因此，无法从调制比得知调制信号的峰值。第三个问题总结如下：由于二倍频调制信号的非线性叠加，无法从调制比得知调制信号的峰值。

4.3.3 算例研究

1. 算例研究1：调制比在评估过调制风险中的应用

从章节 4.3.2 的分析中可知，虽然评估换流器的过调制风险是调制比的主要功能，但是对于 MMC 来说，其调制比作为评估过调制风险的指标时存在三个问题，这些问题的存在

将会影响过调制风险评估的准确性。在下文中，将选择合适的算例来进行研究，分别介绍上述三个问题所带来的影响。算例研究中将展示三种典型情况，这三种情况分别对应着章节 4.3.2 中所述的三个问题。具体情况说明如下：

（1）工况 1：MMC 在最基本的控制策略下运行，即仅采用功率控制器，既没有采用环流抑制控制，也没有采用平均电容电压控制。在这种控制策略下，调制信号由直流分量和 1ω 分量组成，直流分量 A_0 始终为 1/2。

（2）工况 2：MMC 在基本的功率控制下，增加了平均电容电压控制，因此调制信号将由直流分量和 1ω 分量组成，A_0 将随 MMC 工作条件变化。

（3）工况 3：MMC 采用功率控制、平均电容电压控制、环流抑制控制，因此调制信号将由直流分量、1ω 和 2ω 分量组成。

在各工况下，以中国张北 MMC-HVDC 实际工程为案例，在 RT-Lab 仿真平台进行验证。张北高压直流输电工程 MMC 主电路参数见表 4-1。

表 4-1　　　　　　　　　　张北高压直流输电工程 MMC 主电路参数

参数	数值
基频 f	50Hz
额定容量 S_{rated}	1500MW
额定线电压（rms）	260.26kV
直流侧电压 U_{dc}	500kV
子模块电容 C_{SM}	15000μF
桥臂电感 L_m	75mH
交流侧电感 L_t	25.4mH
额定电容电压	2294V
每桥臂子模块的数量 N	218

上述三种典型工况下的过调制风险评估结果分别见图 4-6、图 4-8 和图 4-10。其中，根据式（4-5）中传统调制比计算得到的无过调制风险区域已在图中注明；从 RT-Lab 平台获得的实验结果用黑点表示来进行对比验证。此外，为了使对比更加清晰，还展示了换流变压器的容量，用点画圆表示。

问题一的影响可以通过图 4-6 和图 4-7 进行验证。从图 4-6 可以看出，调制比 M_{ratio} 描绘的边界与验证结果之间存在明显差距。以 P=1382MW 的功率条件为例，基于传统调制比（CMR）计算得到的该条件下最大允许无功输出功率为 360Mvar（B 点）；如果 MMC 输出更大的无功功率，就会发生过调制。然而，实际验证结果表明，MMC 可以输出 583Mvar（A 点）的无功功率，同时并不会出现过调制问题。A 点和 B 点之间评估过调制风险的误差为 38.3%。图 4-6 表明，如果在 MMC 的过调制风险评估中应用传统调制比（CMR）来进行评估，当 MMC 在最基本的控制策略下运行时，MMC 的运行域将显著小于实际所允许的运行域。在图 4-7 中，能够更清楚地看到问题一所带来的影响。图 4-7 中分别展示了在

"*P*=1372MW & *Q*=0Mvar""*P*=1372MW & *Q*=360Mvar"和"*P*=1372MW & *Q*=583Mvar"三种工况下获得的调制信号。可以看出，三种情况下 A_1 的值分别为 0.445、0.478、0.500；但是，M_{ratio} 的值分别为 0.459、0.500 和 0.526。此外，值得注意的是，在"*P*=1372MW & *Q*=360Mvar"的功率条件下，调制比已达到"1"；但仍有调制余量，实际最大允许功率条件为"*P*=1372MW & *Q*=583Mvar"。因此可以得出结论，M_{ratio} 与 A_1 并不相等，二者之间存在不可忽略的差异；也正是这种差异导致了基于 CMR 评估过调制风险结果的不准确性。

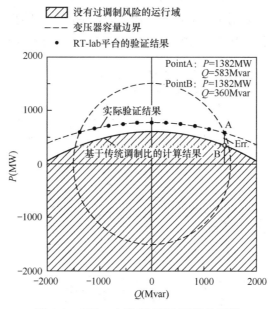

图 4-6　工况 1 中没有过调制风险的区域

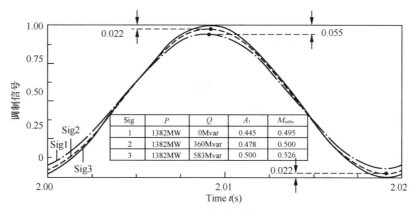

图 4-7　工况 1 中的调制信号波形

问题二的影响可以通过图 4-8 和图 4-9 进行验证。图 4-8 展示了应用平均电容电压控制之后的结果。可以看出，虽然基于传统调制比得到的计算结果与实际结果之间的差距相比于工况 1 变小了，但误差仍然大到无法忽略。以 A 点和 B 点为例，计算结果表明，当有功输出功率为 1392MW 时，MMC 只能输出 357Mvar 的无功功率。然而，验证表明，MMC 可以输出 559Mvar 的无功功率，而不会出现过调制问题。在这种工况下采用 CMR 评估过调制风险的误差为 36.1%。结果表明，变压器容量被浪费了，事实上在这种工况下 MMC 的运行域可以进一步扩大。图 4-9 展示了"P=1392MW & Q=559Mvar"功率条件下调制信号的波形。加入平均电容电压控制器后，A_0 为 0.483。红色曲线表示调制信号 $S_{m,ap}(t)$。如图 4-9 所示，由于 A_0 偏离 0.5，调制余量不再具有对称性；调制信号的波谷值已达到极限，但是在波峰处仍有 0.034 的调制余量。显然，在 MMC 中，这种不对称性不能通过调制比来反映。因此可得出结论：采用平均电容电压控制时，调制信号的直流分量会导致调制裕度不对称，这种不对称性使得基于 CMR 评估过调制风险的准确性受到影响。

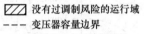

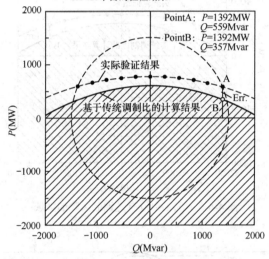

图 4-8　工况 2 中没有过调制风险区域

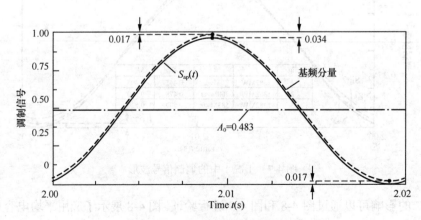

图 4-9　工况 2 中调制信号的波形

　　问题三的影响可以通过图 4-10 和图 4-11 进行验证，图 4-10 展示了工况 3 中没有过调制风险的区域。如图 4-10 所示，在这种情况下基于传统调制比得到的计算结果与实际结果之间的差距缩小到非常接近的范围，A 和 B 的评估误差仅为(297–321)/297×100%= –8.1%，远小于工况 1 和工况 2 的误差。这是因为调制信号的二次谐波分量会叠加在基波分量上，使得调制信号的峰值增加，从而减少了评估误差。图 4-11 展示了"P=1471MW & Q=321Mvar"功率条件下调制信号的波形。可以看出，仿真结果与分析一致。因此可以得出结论：当换流器采用环流抑制控制时，由于二倍频调制信号的叠加，增加了调制信号的峰值，使用 CMR 评估过调制风险的误差减小，评估准确性达到了较高水平。

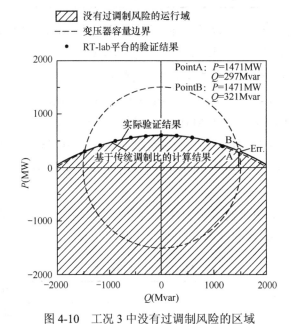

图 4-10　工况 3 中没有过调制风险的区域

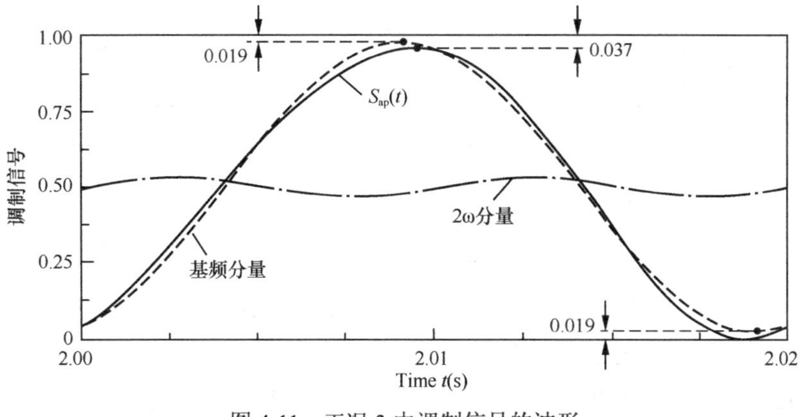

图 4-11　工况 3 中调制信号的波形

　　评估误差比较结果如表 4-2 所示，当 MMC 在基本控制策略下运行或仅采用平均电容电压控制时，计算与验证之间存在明显误差，并且误差可以超过 30%，这会造成换流变压器的容量浪费；同时在 MMC 参数设计中，以调制比为指标时，MMC 的运行域不是最优的，因此采用 CMR 评估过调制风险的方法并不适用于上述两种工况；而当加入环流抑制控制后，评价误差则大大减小，基于 CMR 的过调制风险评估方法有较高的准确性和适用性。

表 4-2   评估误差比较结果

案例	案例中的评估误差	适用性
无其他控制器	38.3%	×
加入平均电容电压控制器	36.1%	×
加入环流抑制控制器	−8.1%	√

总之，基于图 4-6～图 4-11 以及表 4-2 可知，为评估 MMC 的过调制风险，传统调制比仅适用于 MMC 控制策略中采用环流抑制控制的情况。

2. 算例研究2：调制比与调制信号基波分量幅值不一致

如式（4-3）和式（4-4）所示，对于两电平换流器，其调制信号 $M_{T,ratio}$ 可以完全代替调制信号基波分量的幅值 A_T。由于 MMC 的调制比是类比两电平换流器的调制比定义的，所以一般认为在 MMC 中调制比 M_{ratio} 同样可以代替 A_1，并且这种替代关系被广泛用于对 MMC 的研究。然而，从式（4-17）和第 4.2 章节中的理论分析来看，这种替代关系是否适用于 MMC 仍有待商榷。

因此，在算例研究 2 中比较了 M_{ratio} 和 A_1 的值。为了在整个半径为 S_{rated} 的功率圆上进行分析，本部分使用表 4-3 中的参数。

表 4-3   MMC 的主电路参数

参数	数值
基频 f	50Hz
额定容量 S_{rated}	200MW
额定线电压（rms）	155kV
直流侧电压 U_{dc}	320kV
子模块电容 C_M	6300μF
桥臂电感 L_m	80mH
交流侧电感 L_t	40mH
额定电容电压	1600V
每个桥臂子模块的数量 N	200

图 4-12～图 4-14 给出了三种典型工况下用 M_{ratio} 代替 A_1 的误差。三种典型工况的介绍已在本节的算例研究 1 中进行了说明。

从图 4-12 可以看出，如果使用 M_{ratio} 代替 A_1，在工况 1 中，当 $\varphi=\pi/2$ 和 $\varphi=-\pi/2$ 时误差分别可达 9.13% 和−11.58%。误差随着输出功率的增加而单调增加，并在 MMC 输出 200MVA 的额定功率时达到最大值。在相同视在功率下，误差随功率因数角呈正弦变化。MMC 只输出或消耗有功功率时误差小；当 MMC 输出或消耗更多无功功率时，误差会变大。最大误差可高达 20.71%（9.13%+11.58%），这种误差已不可忽视。

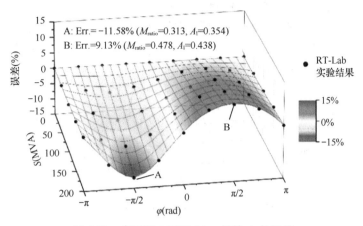

图 4-12　在工况 1 下用 M_{ratio} 代替 A_1 的误差

从图 4-13 可以看出，如果 MMC 使用平均电容器电压控制而不使用环流抑制控制，则误差在 $\varphi=\pi/2$ 时可达 12.74%，在 $\varphi=-\pi/2$ 时可达–15.63%，误差相比工况 1 更大，误差百分比峰值可高达 28.37%（12.74%+15.63%）。此外，在工况 2 中，误差百分比随着输出功率的增加而增加得更为明显。结果表明，在用 M_{ratio} 代替 A_1 时，引入平均电容电压控制将使误差显著增大。

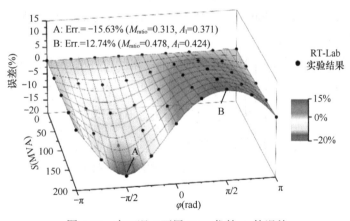

图 4-13　在工况 2 下用 M_{ratio} 代替 A_1 的误差

从图 4-14 可以看出，与工况 1 和工况 2 相比，虽然在工况 3 中加入环流控制可以降低误差百分比，但是，误差的数值仍大到不容忽视。最大误差在 $\varphi=\pi/2$ 时为 6.22%，在 $\varphi=-\pi/2$ 时为 9.80%；峰值可达 16.02%（6.22%+9.80%）。结果再次证明，M_{ratio} 和 A_1 之间存在巨大且不可忽略的差异。

算例研究 2 的验证结果与章节 4.3.2 中的理论分析是一致的。可以得出，MMC 中的调制比 M_{ratio} 不等同于 MMC 中调制信号基波分量的幅值 A_1。此外，仅当 MMC 主要输出或消耗有功率时，才可以使用 M_{ratio} 代替 A_1。

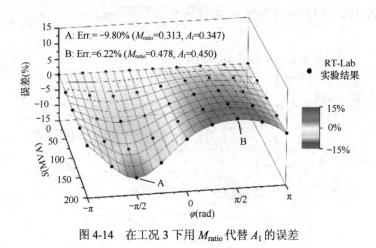

图 4-14   在工况 3 下用 M_{ratio} 代替 A_1 的误差

4.4   基于动态调制比的 MMC 过调制风险评估方法

从章节 4.3 的分析来看，基于传统调制比（conventional modulation ratio，CMR）的分析包含许多假设和简化，采用 CMR 计算得出的调制余量结果也与实际情况之间存在着不可忽略的误差。为了解决这一问题，更精确地评估 MMC 的过调制风险，本节提出了一种动态调制比（dynamic modulation ratio，DMR）的概念，并在此基础上提出了一种准确评估 MMC 过调制风险的新方法。

关于判断是否发生过调制，通常有两种标准。第一个标准是基于桥臂电压是否超过桥臂电压输出能力做出判断。以 A 相上桥臂为例，判据可表示为式（4-21）：

$$0 \leqslant u_{\text{ap}}(t) \leqslant N \cdot u_{\text{cap,ap}}(t) \tag{4-21}$$

其中，$u_{\text{ap}}(t)$ 表示上桥臂电压的瞬时值。

第二个标准是基于桥臂调制信号是否在[0,1]区间内做出判断。该判据可以表示为式（4-22）：

$$0 \leqslant S_{\text{ap}}(t) \leqslant 1 \tag{4-22}$$

桥臂电压 $u_{\text{ap}}(t)$、子模块电容电压 $u_{\text{cap,ap}}(t)$ 和调制信号 $S_{\text{ap}}(t)$ 之间具有如式（4-23）所示的关系：

$$u_{\text{ap}}(t) = N \cdot u_{\text{cap,ap}}(t) \cdot S_{\text{ap}}(t) \tag{4-23}$$

将式（4-23）代入式（4-21），可以推导出式（4-24）：

$$0 \leqslant N \cdot u_{\text{cap,ap}}(t) \cdot S_{\text{ap}}(t) \leqslant N \cdot u_{\text{cap,ap}}(t)$$
$$\Downarrow \tag{4-24}$$
$$0 \leqslant S_{\text{ap}}(t) \leqslant 1$$

式（4-24）得出上述两个过调制判断标准是完全等价的。换句话说，当满足这两个判据中的任何一个时，系统都不会发生过调制。

之后，将不等式(4-24)两边同时乘以 2 并减 1，从而可以从式(4-24)导出不等式(4-25)：

$$\left|2S_{\mathrm{ap}}(t)-1\right|\leqslant 1 \tag{4-25}$$

基于式（4-25），本文提出了动态调制比（DMR）的新概念，其定义表达式及规定区间如式（4-26）所示：

$$\begin{cases} M_{\mathrm{dyn}} = \max\left\langle\left|2S_{\mathrm{ap}}(t)-1\right|\right\rangle \\ 0\leqslant M_{\mathrm{dyn}}\leqslant 1 \end{cases} \tag{4-26}$$

其中，M_{dyn} 表示动态调制比；函数"max<·>"用以返回输入表达式的最大值。

与式（4-5）所示的常规调制比的定义不同，M_{dyn} 是从过调制判据的表达式推导而来的。M_{dyn} 能够反映调制信号所允许的边界与距离边界最近的点之间的距离。因此，可以基于 M_{dyn} 精准地评估 MMC 的过调制风险。

在式（4-26）中，$S_{\mathrm{ap}}(t)$ 的计算方法能够用第 2 章中提出的方法计算。该方法简述如下。

基于基尔霍夫定律即图 1-1（忽略桥臂电阻的影响），能够得到 A 相上桥臂电压有如下关系：

$$u_{\mathrm{ap}}(t)=\frac{U_{\mathrm{dc}}}{2}-L_{\mathrm{m}}\frac{\mathrm{d}i_{\mathrm{ap}}(t)}{\mathrm{d}t}-L_{\mathrm{t}}\frac{\mathrm{d}i_{\mathrm{a}}(t)}{\mathrm{d}t}-u_{\mathrm{a}}(t) \tag{4-27}$$

其中，$i_{\mathrm{ap}}(t)$、$u_{\mathrm{ap}}(t)$ 分别代表 A 相上桥臂和下桥臂的桥臂电流；$i_{\mathrm{a}}(t)$、$u_{\mathrm{a}}(t)$ 分别为交流侧 A 相的相电流与相电压。

式（4-27）中的桥臂电压还可以通过式（4-23）所示的内部关系获得。因此，基于这两个等式列写方程如下：

$$N\cdot u_{\mathrm{cap,ap}}(t)\cdot S_{\mathrm{ap}}(t)=\frac{U_{\mathrm{dc}}}{2}-L_{\mathrm{m}}\frac{\mathrm{d}i_{\mathrm{ap}}(t)}{\mathrm{d}t}-L_{\mathrm{t}}\frac{\mathrm{d}i_{\mathrm{a}}(t)}{\mathrm{d}t}-u_{\mathrm{a}}(t) \tag{4-28}$$

式（4-28）由直流量和正弦量组成；因此式（4-28）的左侧和右侧可以变换成式（4-29）所示的形式：

$$\begin{aligned} U_{\mathrm{m,dc}}+\sum_{k=1,2,3\cdots}U_{\mathrm{m,k\omega}}^{\mathrm{D}}\cos(k\omega t)+\sum_{k=1,2,3\cdots}U_{\mathrm{m,k\omega}}^{\mathrm{Q}}\sin(k\omega t)=\\ U_{\mathrm{DQ0}}+\sum_{k=1,2,3\cdots}U_{\mathrm{Dk}}\cos(k\omega t)+\sum_{k=1,2,3\cdots}U_{\mathrm{Qk}}\sin(k\omega t) \end{aligned} \tag{4-29}$$

其中，$U_{\mathrm{m,dc}}$，$U_{\mathrm{m,k\omega}}^{D}$，$U_{\mathrm{m,k\omega}}^{Q}$，$U_{\mathrm{DQ0}}$，$U_{\mathrm{Dk}}$，$U_{\mathrm{Qk}}$ 代表相应谐波分量的幅值。

之后，根据待定系数法令等号两侧"$\cos(k\omega t)$"和"$\sin(k\omega t)$"系数相等，可以从式（4-29）得到式（4-30）：

$$\begin{cases} U_{\mathrm{m,dc}}=U_{\mathrm{DQ0}} \\ U_{\mathrm{m,1\omega}}^{\mathrm{D}}=U_{\mathrm{D1}} \quad U_{\mathrm{m,1\omega}}^{\mathrm{Q}}=U_{\mathrm{Q1}} \\ U_{\mathrm{m,2\omega}}^{\mathrm{D}}=U_{\mathrm{D2}} \quad U_{\mathrm{m,2\omega}}^{\mathrm{Q}}=U_{\mathrm{Q2}} \end{cases} \tag{4-30}$$

第 2 章中证明了方程组（4-30）中未知量的个数等于等价方程组的个数，从而可以保证方程组（4-30）可解。然后，通过求解式（4-30）中所示的五个等效等式，可以由此获得调制信号中的 A_0、A_1、α_1、A_2 和 α_2 的值。

4.5 仿真验证

在本章节中，将在三种典型工况下对本章所提的理论进行仿真验证。其中，章节 4.5.1 主要用来验证章节 4.3 中的理论，通过仿真进一步对基于传统调制比评估过调制风险的误差进行分析；章节 4.5.2 是基于动态调制比评估过调制风险方法的精度验证，并将基于 CMR 和基于 DMR 评估过调制风险的评估结果进行比较，从而分析基于 DMR 评估过调制风险的准确性。三种工况如下：

（1）工况 1：在基本控制策略下运行，即只采用功率控制器，既不使用环流抑制控制，也不使用平均电容电压控制。

（2）工况 2：MMC 在采用功率控制的基础上，加入平均电容电压控制。

（3）工况 3：MMC 采用功率控制、平均电容电压控制、环流抑制控制。

4.5.1 基于 CMR 评估过调制风险的误差分析

所用 MMC 的拓扑结构如图 1-1 所示，主要电路参数如表 4-3 所示。仿真在 RT-Lab 上进行。

图 4-15～图 4-17 给出了三种典型功率情况下的调制信号，分别为 P=0MW & Q=200Mvar、P=141MW & Q=141Mvar 和 P=200MW & Q=0Mvar。在每幅图中，三张子图分别呈现了上述三种工况（工况 1、工况 2 和工况 3）下的波形。每幅图都展示了上桥臂和下桥臂的调制信号。

如图 4-15 所示，在"P=0MW & Q=200Mvar"的功率条件下，三种工况下调制信号不同。在工况 1 中，MMC 在基本控制策略下运行；因此，其调制信号关于 y=0.5 的水平轴对称。调制信号的最小值和最大值分别为 0.063 和 0.937。工况 2 中，由于采用了平均电容电压控制，最大值降低到 0.904，最小值降低到 0.055。工况 3 使用环流抑制控制时，调制信号中会包含二次谐波分量，调制信号的最小值和最大值分别变为 0.022 和 0.919。因此，在工况 1、工况 2 和工况 3 中，调制信号与其允许边界之间的最近距离分别为 0.063、0.055 和 0.022。很明显，三种工况下的过调制风险等级依次排列为工况 3>工况 2>工况 1。但是，三种情况下传统调制比的值始终为 0.478，不会随 MMC 的工作情况变化而改变。如式（4-5）所示，MMC 中调制比的最大允许值为 0.5；因此，调制信号与其边界之间的余量为 0.5–0.478=0.022，等于工况 3 中的调制余量，但是与工况 1、工况 2 中计算得到的调制余量并不相等。

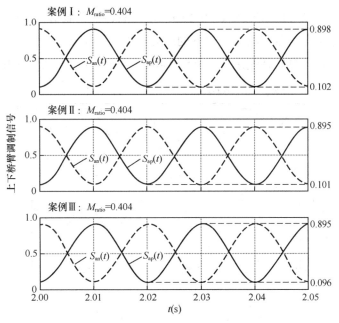

图 4-15 P=0MW & Q=200Mvar 时的调制信号

图 4-16 给出了"*P*=141MW&*Q*=141Mvar"时调制信号。三种情况下调制信号的最大值分别为 0.927、0.901、0.916;三种情况下调制信号的最小值分别为 0.073、0.068 和 0.042。由此可知,在工况 1、工况 2、工况 3 中,调制信号与其允许边界的最近距离分别为 0.073、0.068、0.042;过调制风险在工况 3 中最高,在工况 1 中最低。三种情况下的调制比均为 0.458。根据 M_{ratio} 计算的调制余量为 0.5–0.458=0.042,仅与工况 3 中的结果一致。

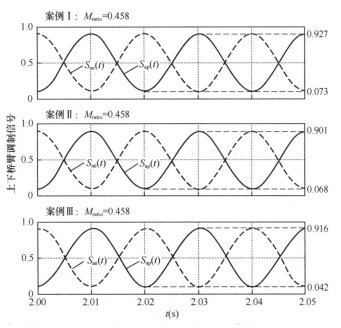

图 4-16 *P*=141MW & *Q*=141Mvar 时的调制信号

图 4-17 展示了"P=200MW & Q=0Mvar"功率条件下调制信号。可以计算出工况 1、工况 2 和工况 3 中调制信号与其允许边界的最近距离分别为 0.102、0.101 和 0.096。调制比为 0.404，根据 M_{ratio} 计算的调制余量为 0.5–0.404=0.096，也仅与工况 3 中的结果一致。

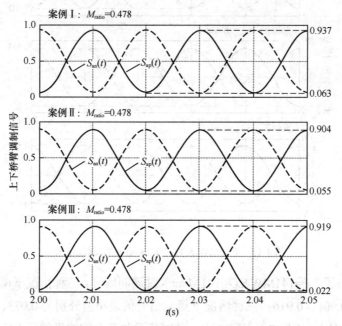

图 4-17　P=200MW & Q=0Mvar 时的调制信号

最后，对各种工况下调制余量的数值总结在表 4-4 中。鉴于上述验证结果，可知应用 MMC 传统调制比计算出的调制余量与实际值之间存在较大差距，因此该方法并不能总是准确地反映 MMC 的调制特性、评估 MMC 的过调制风险。事实上，基于传统调制比的 MMC 过调制风险评估仅适用于 MMC 控制方案中采用环流抑制控制器的情况（即工况 3）。仿真验证结果与章节 4.3 中分析得出的结论一致。

表 4-4　　　　　　　　　　　　调制余量计算值与实际值的比较

工况		调制余量*		是否准确
		计算值	实际值	
P=0MW　Q=200Mvar	工况 1	0.022	0.063	×
	工况 2	0.022	0.055	×
	工况 3	0.022	0.022	√
P=141MW　Q=141Mvar	工况 1	0.042	0.073	×
	工况 2	0.042	0.068	×
	工况 3	0.042	0.042	√
P=200MW　Q=0Mvar	工况 1	0.096	0.102	×
	工况 2	0.096	0.101	×
	工况 3	0.096	0.096	√

* 调制余量表示调制信号与其允许边界之间的最近距离；根据调制比 M_{ratio} 得到计算值，从仿真波形得到实际值。

4.5.2 基于 DMR 评估过调制风险的精度验证

本章节将在三种典型工况下比较基于 CMR 和基于 DMR 评估过调制风险的评估结果，从而分析基于 DMR 评估过调制风险的准确性。以中国张北 MMC-HVDC 项目为例，并在 RT-Lab 仿真平台上进行验证。张北高压直流输电工程 MMC 主电路参数见表 4-1。

基于 CMR 的评估方法及基于 DMR 的评估方法所获得的无过调制风险区域的比较如图 4-18、图 4-22 和图 4-23 所示。每个图中分别展示了基于 DMR 和 CMR 的评估方法所获得的无过调制风险的运行域。此外，为了使比较更加清晰，用点划线代表了换流变压器的容量。黑点表示从 RT-Lab 平台获得的验证结果。

图 4-18 为工况 1 中基于 DMR 和 CMR 的评估方法获得的无过调制风险区域的比较结果。从图中可以看出，基于 DMR 的过调制评估方法得到的允许运行边界与来自 RT-Lab 平台的验证结果良好吻合。相比之下，基于 CMR 的评估方法所得到的允许运行边界与验证结果之间存在明显差距。以 $\varphi=0.399$ 为例，根据 DMR 和 CMR 评估过调制风险时，最大允许功率分别为 1500MVA（A 点）和 1175MVA（B 点）。仿真结果表明，最大允许功率的实际值为 1496MVA。因此，基于 DMR 的评估方法计算得到的误差仅为 0.3%；相比之下，常规方法的误差高达 20.5%。

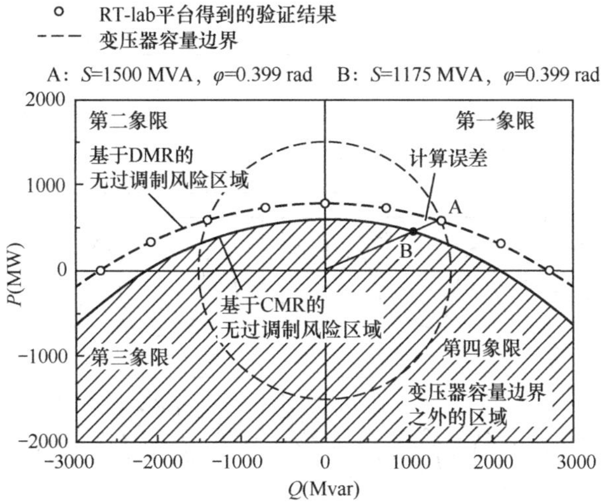

图 4-18 工况 1 中基于 DMR 和 CMR 的评估方法获得的无过调制风险区域的比较结果

图 4-19 为工况 1 中的不同功率条件下得到的调制信号。蓝色和红色曲线分别在"1500MVA & 0.399rad"和"1175MVA & 0.399rad"下得到，对应图 4-18 中的 A 点和 B 点；作为参考，黄色和绿色曲线分别在额定功率"1500MVA & 0rad"和最小功率"0MVA & 0rad"下获得。从图 4-19 中可以看出，最小功率下计算得到的调制余量为 0.07，额定功率下计算余量减少到 0.05。当 MMC 开始输出无功功率时，调制余量会进一步降低；并且在"1175MVA & 0.399rad"中降低到 0.02，这是基于 CMR 的过调制风险评估方法所计算的最大允许功率。但是可以看出还是会存在 0.02 的调制余量，这与基于 CMR 的评估结果不一致。当功率进一步增加到"1500MVA & 0.399rad"时，调制信号刚好达到极限。这证明了本章提出的基于

DMR 的评估方法所得到的结果更准确。

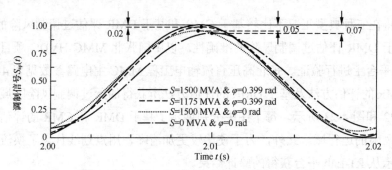

图 4-19　工况 1 中不同功率条件下的调制信号

此外，图 4-20 给出了图 4-18 中 A、B 点电气量波形。自上而下的五个子图分别为视在功率、电容电压、环流、输出电流和输出电压的波形。可以看出 MMC 在这两种功率条件下都能很好地工作，这可以说明用基于 CMR 的评估方法获得的输出功率边界可以进一步扩展。此外值得注意的是，基于 CMR 的评估方法所得到的功率边界要小于基于 DMR 的评估方法所得到的功率边界，这是因为边界附近区域的 DMR 要小于 CMR。因此，当 CMR 达到极限"1"时，DMR 仍然小于 1。

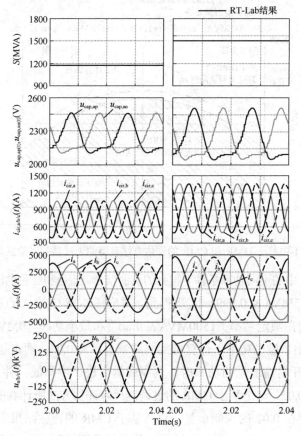

图 4-20　A、B 点电气量波形

但是,这并不意味着 DMR 在整个工作区域都小于 CMR。不同功率条件下 CMR 和 DMR 的值见图 4-21。深色面和浅色面分别代表了 CMR 和 DMR 的值。可以看出,当 MMC 输出无功功率或仅消耗较小的无功功率时(大约在第一象限和第二象限),DMR 小于 CMR;当 MMC 消耗无功功率时(大约在第三和第四象限),DMR 大于 CMR。CMR 是否大于 DMR 取决于 MMC 的输出功率状况。

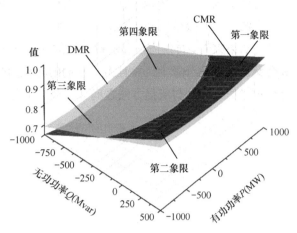

图 4-21 不同功率条件下 CMR 和 DMR 的值

工况 2 中基于 DMR 和基于 CMR 的方法获得的无过调制风险区域的比较结果见图 4-22。同样,基于 DMR 的评估方法和基于 CMR 的评估方法得到的结果之间存在明显的差距。基于 RT-lab 平台得到的验证结果与基于 DMR 的评估结果吻合良好,说明所提出的基于 DMR 的过调制风险评估方法准确率更高;相比之下,传统方法则有很大的误差。以 A 点和 B 点为例,如果采用传统方法评估过调制风险,在 $\varphi=0.382$ 时差异可达 300MVA。验证结果表明,最大允许功率的实际值为 1505MVA,所提方法和常规方法的误差分别为 0.3%和 20.3%。因此,采用基于 CMR 的过调制风险评估方法浪费了变压器容量,而实际上 MMC 的工作区域能够得到进一步的拓展。

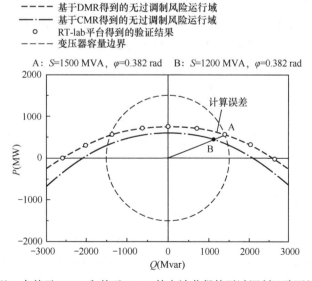

图 4-22 工况 2 中基于 DMR 和基于 CMR 的方法获得的无过调制风险区域的比较结果

工况 3 中基于 DMR 和 CMR 的方法获得的无过调制风险区域的比较结果见图 4-23,在工况 3 中,基于 DMR 的评估方法和基于 CMR 的评估方法得到的结果之间的差距缩小到非常接近的范围。由于传统调制比没有考虑环流，因此可以预见，当增加环流抑制控制时，传统方法的误差会增大；但从实际结果来看，误差明显减小，与预期有很大差异。从 RT-lab 的验证结果来看，传统方法和所提方法的误差均小于 1%。这是因为调制信号的二次谐波分量会叠加在基波分量上，并且由于它们的相位角恰好重合，调制信号的最大值将增加，从而缩小了传统方法与所提方法之间计算结果的差距。

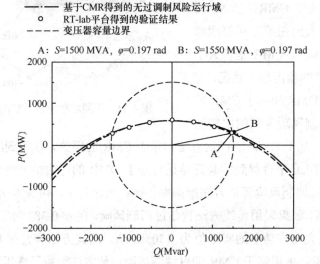

图 4-23 工况 3 中基于 DMR 和 CMR 的方法获得的无过调制风险区域的比较结果

精度比较结果如表 4-5 所示。得出结论，当不增加额外控制器或只增加平均电容电压控制器时，常规方法的误差可以超过 20%。将基于 CMR 的方法用于 MMC 的参数设计时，会造成变压器容量的浪费，MMC 的工作区域不是最优的。然而，在使用了环流抑制控制器的情况下，可以使用基于 CMR 的方评估法。相比之下，所提出的基于 DMR 的过调制风险评估方法在所有工况下都是准确的。

表 4-5　　　　　　　　　　　　精度比较结果

情况	基于 CMR 的策略	基于 DMR 的策略
无附加控制	×	√
采用平均电容电压控制	×	√
采用环流抑制控制	√	√

通过本节的仿真验证结果，可以得出结论：证明基于 CMR 的方法无法准确地判断是否出现过调制，相比之下，基于 DMR 的方法在评估过调制风险方面表现更出色，评估结果更准确。

第5章

基于桥臂直流参考量动态调控的模块化多电平换流器优化策略

5.1 MMC 桥臂直流参考量动态调控策略概述

MMC 的拓扑结构中，子模块（submodule，SM）电容器是最重要的组件之一。在实际工程应用中，电容器的体积通常占到子模块总体积的一半，其成本大致等于半导体器件的成本。通常来说，一个 MMC 中的子模块电容器数量非常庞大，在高压直流应用中，一个变换器中往往会有数千个子模块电容器。此外，MMC 的输出电压由子模块电容电压组成。由此可知，子模块电容器在体积、重量、项目成本及运行性能方面对 MMC 起着至关重要的作用。

因此，国内外围绕子模块电容器进行了大量的研究，重点关注了电容参数选型、电容电压降低和电容电压平衡等研究领域。要想对子模块电容器进行深入分析，其基础在于研究子模块电容电压特性。在第四章提到，与二电平变换器和三电平变换器不同的是，MMC 的桥臂电流将流经子模块电容，因此电容电压将围绕电容电压平均值波动，并包含低阶谐波。由于子模块电容电压与 MMC 的许多电气量之间存在交互耦合关系，分析子模块电容电压也变得尤为复杂。

在研究过程中，有两个关键问题需要进一步关注：首先，往往会忽视对平均电容电压的研究，通常会假定平均电容电压是一个恒定值，并且在所有情况下都认为其等于直流侧电压的 $1/N$；其次，研究过程中往往不会考虑桥臂直流参考量的可调节性，会默认假定桥臂直流参考电压为直流侧电压的 $1/2$。实际上，这两个变量并非为简单的恒定值，同时二者对 MMC 存在多方面的影响。一方面，平均电容电压是电容电压峰值的决定性因素，因此它与子模块电容器的选型密切相关；另一方面，桥臂直流参考电压是桥臂参考电压的主要组成部分，桥臂直流参考电压会对过调制风险的判断评估与 MMC 的运行域产生关键影响。综上能够看出，对上述两个变量（平均电容电压、桥臂直流参考电压）的研究是十分必要且有意义的。

鉴于减少电容需求能够产生较大的经济效益，工业界与学术界围绕模块化多电平变换器电容需求降低展开了大量研究。在工程应用中，需要大容值电容的主要原因是子模块中的半导体（特别是 IGBT）无法承受过高的电容电压。现有研究已经证明，如果电容电压的最大值不超过电容电压额定值的 10%，则 MMC 能够接受在电容电压较大波动下运行。因此，电容电压的最大值是决定所需电容的最重要指标。由于电容电压由直流分量与波动分量组成，因此可以通过两种方法降低电容电压的最大值，即抑制电容电压波动和降低平均电容电压。围绕这两方面，现有研究通过注入环流、抑制桥臂能量波动、改进 MMC 主电路拓扑等方法实现了 MMC 电容需求的降低，但这些方法都对系统存在着不利影响。环流的注入可能导致功率损耗增加与电流应力增加；修改主电路拓扑、增加半导体器件不仅会增加功耗，还会增加项目成本，并使设计更为复杂。这些不利影响制约着电容需求减少方法在工程实际中的应用，并在高压直流输电领域体现得尤为明显。

在本章中，首先通过分析得知，对于 MMC 来说通常认为的桥臂直流参考电压和平均电容电压分别为 $U_{dc}/2$ 和 U_{dc}/N 的观点并不妥当；之后，提出了一种 MMC 子模块电容电压计算方法，其求解结果能够精准描述桥臂直流参考电压与平均电容电压之间的关系，并在此基础上分析桥臂直流参考量动态调控对 MMC 稳态运行的影响；最终，提出了一种基于桥臂直流参考量动态调控的子模块电容需求降低（capacitance requirement reduction，CRR）方法，该方法在不牺牲其他性能的前提下，实现了电容需求的有效降低。

5.2 桥臂直流参考量动态调控对 MMC 的影响分析

5.2.1 桥臂直流参考量与电容电压间的交互作用关系

以 A 相为例，根据如图 1-1 所示的拓扑图，忽略桥臂电阻的影响，列写基尔霍夫电压方程，可以得到桥臂电压的实际值表达式：

$$\begin{cases} u_{ap}(t) = \dfrac{U_{dc}}{2} - u_a(t) - L_t \dfrac{di_a(t)}{dt} - L_m \dfrac{di_{ap}(t)}{dt} \\ u_{an}(t) = \dfrac{U_{dc}}{2} + u_a(t) + L_t \dfrac{di_a(t)}{dt} - L_m \dfrac{di_{an}(t)}{dt} \end{cases} \tag{5-1}$$

其中，$u_{ap}(t)$ 和 $u_{an}(t)$ 分别代表 A 相上桥臂和下桥臂的桥臂电压实际值；$U_{dc}/2$ 为实际桥臂电压中的直流分量。

桥臂参考电压可以如式（5-2）所示进行表达，它由桥臂直流参考电压 $U_{ref,dc}$、桥臂基波参考电压 $u_{ref,1\omega}(t)$ 和桥臂二倍频参考电压 $u_{ref,2\omega}(t)$ 构成：

$$\begin{cases} u_{ref,ap}(t) = U_{ref,dc} - u_{ref,1\omega}(t) - u_{ref,2\omega}(t) \\ u_{ref,an}(t) = U_{ref,dc} + u_{ref,1\omega}(t) - u_{ref,2\omega}(t) \end{cases} \tag{5-2}$$

其中，$u_{ref,ap}(t)$ 和 $u_{ref,an}(t)$ 分别表示上桥臂和下桥臂的参考电压；$U_{ref,dc}$、$u_{ref,1\omega}(t)$ 和 $u_{ref,2\omega}(t)$ 的表达式及其与桥臂调制信号之间的关系如式（5-3）所示：

$$\begin{cases} u_{ref,dc} = U_{dc} A_0 \\ u_{ref,1\omega}(t) = B_1 \cos(\omega t + \alpha_1) = U_{dc} A_1 \cos(\omega t + \alpha_1) \\ u_{ref,2\omega}(t) = B_2 \cos(2\omega t + \alpha_2) = U_{dc} A_2 \cos(2\omega t + \alpha_2) \end{cases} \tag{5-3}$$

在式（5-2）中，$u_{\text{ref},1\omega}(t)$ 由内部电流控制器生成，并用于控制 MMC 的输出功率；$u_{\text{ref},2\omega}(t)$ 用于抑制二倍频环流。关于这两个组成部分已经进行了许多研究，相较于这两个部分，有关桥臂电压直流参考量 $U_{\text{ref,dc}}$ 的研究则很少，通常认为其只能被设置为常数值 $U_{\text{dc}}/2$。这是由于实际桥臂电压中的直流分量等于 $U_{\text{dc}}/2$，如式（5-1）所示；因此普遍认为桥臂参考电压的直流分量 $U_{\text{ref,dc}}$ 也应该设置为 $U_{\text{dc}}/2$，使得桥臂电压满足实际电压的要求，以保持 MMC 的直流侧电压稳定在恒定值 U_{dc}。然而，由于子模块电容电压中存在交流谐波分量，桥臂参考电压 $u_{\text{ref,ap/an}}(t)$ 与桥臂实际电压 $u_{\text{ap/an}}(t)$ 是并不相同的。

由于桥臂电压是由导通的子模块的电压之和组成的，因此桥臂参考电压 $u_{\text{ref,ap/an}}(t)$ 与桥臂实际电压 $u_{\text{ap/an}}(t)$ 之间的关系可以通过考虑所有导通的子模块电压来推导，如式（5-4）所示：

$$\begin{cases} u_{\text{ap}}(t) = \left(\dfrac{u_{\text{cap,ap}}(t)}{U_{\text{dc}}/N} \right) \cdot u_{\text{ref,ap}}(t) \\[3mm] u_{\text{an}}(t) - \left(\dfrac{u_{\text{cap,an}}(t)}{U_{\text{dc}}/N} \right) \cdot u_{\text{ref,an}}(t) \end{cases} \quad (5\text{-}4)$$

从式（5-4）能够看出，$U_{\text{ref,dc}}$ 的值并不一定要被设置为 $U_{\text{dc}}/2$；相反，只要满足式（5-5）所表达的关系，MMC 的直流侧电压仍然可以维持在恒定值 U_{dc}：

$$\begin{cases} \left| u_{\text{ref,ap}}(t) \cdot u_{\text{cap,ap}}(t) \right|_{\text{DC}} = \dfrac{U_{\text{dc}}^2}{2N} \\[3mm] \left| u_{\text{ref,an}}(t) \cdot u_{\text{cap,an}}(t) \right|_{\text{DC}} = \dfrac{U_{\text{dc}}^2}{2N} \end{cases} \quad (5\text{-}5)$$

其中，|等式| 的计算符表示为提取等式中的直流分量。

以上桥臂为例，如果不考虑电容电压波动，则平均电容电压 $U_{\text{c,avg}}$ 与桥臂直流参考电压 $U_{\text{ref,dc}}$ 之间的关系可以很容易地推导出：$U_{\text{c,avg}} = U_{\text{dc}}^2/(2N \cdot U_{\text{ref,dc}})$，并且很容易对二者之间的交互影响关系进行分析；然而在实际中，由于 MMC 的桥臂电流流经了子模块电容，这会导致电容电压产生波动，甚至电容电压波动的最大值可以达到电容电压额定值的 10%。因此，忽略电容电压的波动可能会在研究中产生较为严重的误差。

从式（5-4）、式（5-5）以及上述分析能够看出，$U_{\text{ref,dc}}$ 并非一定要设为固定值，而是存在一个调整裕度，它的调整一定会对电容电压产生关键影响，这就给 MMC 的性能优化提供了空间。因此，对这个变量进行研究与优化是有意义的。然而，当充分考虑电容电压波动时，分析将变得更加困难，因为电容电压波动不仅是非线性的，而且与其他电气量高度耦合。因此需要提出新的子模块电容电压平均值计算模型，充分考虑桥臂直流参考电压的可修改性和电容电压波动所的影响。

5.2.2　MMC 子模块电容电压计算方法

在式（5-6）中可以建立一个平衡方程，该方程基于两种计算 $u_{\text{ap}}(t)$ 的方法。在式（5-6）

中，$T_{left}(t)$和 $T_{right}(t)$分别来自内部电气量和外部电气量：$T_{left}(t)$由内部电气量列写；$T_{right}(t)$由基尔霍夫电压定律列写。

$$T_{left}(t) = u_{ap}(t) = T_{right}(t) \tag{5-6}$$

其中，$T_{left}(t)$和 $T_{right}(t)$分别表示为

$$\begin{cases} T_{left}(t) = \dfrac{u_{ref,ap}(t)}{U_{dc}/N} \cdot \left[U_{cap,0} + \displaystyle\int \dfrac{u_{ref,ap}(t) \cdot i_{ap}(t)}{C_{SM}U_{dc}} \, dt \right] \\[3mm] T_{right}(t) = \dfrac{U_{dc}}{2} - u_a(t) - L_t \dfrac{di_a(t)}{dt} - L_m \dfrac{di_{ap}(t)}{dt} \end{cases} \tag{5-7}$$

其中，$U_{cap,0}$代表电容电压的直流分量；C_{SM}代表子模块电容容值。$u_a(t)$由式（1-1）给出；$i_a(t)$由式（2-8）、式（2-19）给出。

在 $T_{left}(t)$中，$u_{ref,ap}(t) \cdot i_{ap}(t)$的直流分量应为零；否则经过积分的计算，桥臂电压将会持续上升。通过这一内在关系，可以将式（1-1）、式（2-8）、式（2-19）和式（5-2）代入$u_{ref,ap}(t) \cdot i_{ap}(t)$，列写出等式（5-8）：

$$\left| u_{ref,ap}(t) \cdot i_{ap}(t) \right|_{DC} = 0$$
$$\Downarrow \tag{5-8}$$
$$\frac{I_{dc}U_{ref,dc}}{3} - \frac{SU_{ref,1\omega}}{6U_s} \cos(\alpha_1 + \varphi) = 0$$

所有正弦表达式都可以进行等效变换，如式（5-9）所示：

$$A_k \cos(k\omega t + \theta_k) = A_{kD} \cos(k\omega t) + A_{kQ} \sin(k\omega t) \tag{5-9}$$

其中，A_{kD} 和 A_{kQ} 能够用式（5-10）表示：

$$\begin{cases} A_{kD} = A_k \cos(\theta_k) \\ A_{kQ} = -A_k \sin(\theta_k) \end{cases} \tag{5-10}$$

将式（1-1）、式（2-8）、式（2-19）和式（5-2）、式（5-3）代入式（5-7）中的 $T_{left}(t)$和 $T_{right}(t)$；并将所得到的结果基于式（5-10）转变为 $A_{kD} \cdot \cos(k\omega t) + A_{kQ} \cdot \sin(k\omega t)$的形式。因此，$T_{left}(t)$和 $T_{right}(t)$能够用下式表达为

$$\begin{aligned} T_{left}(t) = {} & U_0 + U_{1D} \cos(\omega t) + U_{1Q} \sin(\omega t) \\ & + U_{2D} \cos(2\omega t) + U_{2Q} \sin(2\omega t) + o[T_{left}] \end{aligned} \tag{5-11}$$

$$\begin{aligned} T_{right}(t) = {} & \frac{U_{dc}}{2} - \left[\frac{S\omega(2L_t + L_m)}{3U_s} \sin(\varphi) + U_s \right] \cos(\omega t) \\ & + \left[\frac{S\omega(2L_t + L_m)}{3U_s} \cos(\varphi) \right] \sin(\omega t) \end{aligned} \tag{5-12}$$

其中，U_0 为 $T_{left}(t)$中的直流分量；U_{1D} 和 U_{1Q} 为 1ω 谐波分量的参数；U_{2D} 和 U_{2Q} 为 2ω 谐波

分量的参数；$o[T_{\text{left}}]$ 表示其他高频谐波分量。表达式如下所示：

$$\begin{cases} U_0 = \dfrac{NU_{\text{ref,dc}}S}{U_{\text{dc}}} \cdot \left[\dfrac{B_1 \sin(\alpha_1+\varphi)}{6\omega C_{\text{SM}}U_{\text{s}}U_{\text{dc}}} - \dfrac{B_1 B_2 \sin(\alpha_1-\alpha_2-\varphi)}{24\omega C_{\text{SM}}U_{\text{s}}U_{\text{dc}}U_{\text{ref,dc}}} + \dfrac{U_{\text{cap,0}}}{S} \right] \\[3mm] \begin{bmatrix} U_{1\text{D}} \\ U_{1\text{Q}} \end{bmatrix} = -\dfrac{U_{\text{ref,dc}}B_1 I_{\text{dc}} N}{3\omega C_{\text{SM}}U_{\text{dc}}^2} \begin{bmatrix} \sin(\alpha_1) \\ \cos(\alpha_1) \end{bmatrix} + \dfrac{B_1 B_2 I_{\text{dc}} N}{12\omega C_{\text{SM}}U_{\text{dc}}^2} \begin{bmatrix} \sin(\alpha_1-\alpha_2) \\ -\cos(\alpha_1-\alpha_2) \end{bmatrix} \\[3mm] \qquad + \dfrac{B_1 N U_{\text{cap,0}}}{U_{\text{dc}}} \begin{bmatrix} -\cos(\alpha_1) \\ \sin(\alpha_1) \end{bmatrix} + \dfrac{(3B_1^2 - 4B_2^2 + 24U_{\text{ref,dc}}^2)NS}{72\omega C_{\text{SM}}U_{\text{s}}U_{\text{dc}}^2} \begin{bmatrix} -\sin(\varphi) \\ \cos(\varphi) \end{bmatrix} \\[3mm] \begin{bmatrix} U_{2\text{D}} \\ U_{2\text{Q}} \end{bmatrix} = \dfrac{B_2 N U_{\text{cap,0}}}{U_{\text{dc}}} \begin{bmatrix} -\cos(\alpha_2) \\ \sin(\alpha_2) \end{bmatrix} + \dfrac{B_1 B_2 NS}{12\omega C_{\text{SM}}U_{\text{s}}U_{\text{dc}}^2} \begin{bmatrix} \sin(\alpha_1+\alpha_2+\varphi) \\ \cos(\alpha_1+\alpha_2+\varphi) \end{bmatrix} \\[3mm] \qquad + \dfrac{B_1 B_2 NS}{36\omega C_{\text{3M}}U_{\text{s}}U_{\text{dc}}^2} \begin{bmatrix} -\sin(\alpha_1-\alpha_2+\varphi) \\ \cos(\alpha_1-\alpha_2+\varphi) \end{bmatrix} + \dfrac{B_1^2 I_{\text{dc}} N}{6\omega C_{\text{SM}}U_{\text{dc}}^2} \begin{bmatrix} \sin(2\alpha_1) \\ \cos(2\alpha_1) \end{bmatrix} \\[3mm] \qquad - \dfrac{U_{\text{ref,dc}}B_1 NS}{4\omega C_{\text{SM}}U_{\text{s}}U_{\text{dc}}^2} \begin{bmatrix} \sin(\alpha_1-\varphi) \\ \cos(\alpha_1-\varphi) \end{bmatrix} - \dfrac{U_{\text{ref,dc}}B_2 I_{\text{dc}} N}{6\omega C_{\text{SM}}U_{\text{dc}}^2} \begin{bmatrix} \sin(\alpha_2) \\ \cos(\alpha_2) \end{bmatrix} \end{cases} \quad (5\text{-}13)$$

然后，基于待定系数法和 $T_{\text{left}}(t)=T_{\text{right}}(t)$ 的等价关系，可以根据式（5-6）～式（5-11）推导出联立方程组，结果如下所示：

$$\begin{cases} U_0 - \dfrac{U_{\text{dc}}}{2} = 0 \\[3mm] U_{1\text{Q}} - \dfrac{S\omega(2L_{\text{t}}+L_{\text{m}})}{3U_{\text{s}}}\sin(\varphi) = 0 \\[3mm] \dfrac{I_{\text{dc}}U_{\text{ref,dc}}}{3} - \dfrac{SU_{\text{ref,1}\omega}}{6U_{\text{s}}}\cos(\alpha_1+\varphi) = 0 \\[3mm] U_{2\text{D}} = 0 \\[2mm] U_{2\text{Q}} = 0 \end{cases} \quad (5\text{-}14)$$

其中，U_0，$U_{1\text{Q}}$，$U_{2\text{D}}$ 和 $U_{2\text{Q}}$ 的表达式见式（5-13）。

因此，$U_{\text{cap,0}}$，B_1，α_1，B_2，α_2，$U_{\text{ref,dc}}$ 的表达式可以通过求解式（5-14）中的五个方程来获得，求解结果经简化后如式（5-15）～式（5-19）所示。值得注意的是，B_1，α_1，B_2，α_2 都与 MMC 的功率条件有关，推导时已考虑功率条件对这些参数的影响。

$$U_{\text{cap,0}} = \dfrac{U_{\text{dc}}^2}{2U_{\text{ref,dc}}N} - \dfrac{SB_1 \sin(\alpha_1+\varphi)}{6\omega C_{\text{SM}}U_{\text{s}}U_{\text{dc}}} + \dfrac{B_1 B_2 S \sin(\alpha_1-\alpha_2-\varphi)}{24\omega U_{\text{ref,dc}}C_{\text{SM}}U_{\text{s}}U_{\text{dc}}} \quad (5\text{-}15)$$

$$B_1 = \sqrt{\dfrac{1}{2c_1^2} + \dfrac{c_3}{c_1} - \sqrt{\dfrac{1}{4c_1^4} - \dfrac{c_2^2}{c_1^2} + \dfrac{c_3}{c_1^3}}} \quad (5\text{-}16)$$

$$\alpha_1 = \begin{cases} -\varphi + \text{acos}\left(\dfrac{2U_{\text{ref,dc}}I_{\text{dc}}U_{\text{s}}}{SB_1}\right), & \text{when } c_1B_1^2 - c_3 \geqslant 0 \\ -\varphi - \text{acos}\left(\dfrac{2U_{\text{ref,dc}}I_{\text{dc}}U_{\text{s}}}{SB_1}\right), & \text{when } cB_1^2 - c_3 < 0 \end{cases} \tag{5-17}$$

$$B_2 = \frac{\sqrt{d_1^2 + d_2^2}}{\sqrt{d_3^2 + d_4^2}} \tag{5-18}$$

$$\alpha_2 = \begin{cases} \text{atan}\left(\dfrac{d_1d_3 + d_2d_4}{d_1d_4 - d_2d_3}\right), & \text{when } d_1d_4 - d_2d_3 \geqslant 0 \\ \text{atan}\left(\dfrac{d_1d_3 + d_2d_4}{d_1d_4 - d_2d_3}\right) + \pi, & \text{when } d_1d_4 - d_2d_3 < 0 \end{cases} \tag{5-19}$$

其中 I_{dc} 表示直流侧电流；c_1, c_2, c_3, d_1, d_2, d_3, d_4 是替换项，表达式如下：

$$\begin{cases} c_1 = \dfrac{NSU_{\text{ref,dc}}}{4\omega C_{\text{SM}}U_{\text{dc}}^3 U_{\text{s}}}; \\[2mm] c_2 = \dfrac{2I_{\text{dc}}U_{\text{s}}U_{\text{ref,dc}}}{S} \\[2mm] c_3 = \dfrac{8U_{\text{ref,dc}}^2 c_1}{3} - \dfrac{2(L_{\text{m}} + 2L_{\text{t}})\omega S U_{\text{ref,dc}}}{3U_{\text{dc}}U_{\text{s}}} - c_2\tan(\varphi) \\[2mm] d_1 = \dfrac{I_{\text{dc}}B_1}{6S}\sin(2\alpha_1) - \dfrac{U_{\text{ref,dc}}}{4U_{\text{s}}}\sin(\alpha_1 - \varphi) \\[2mm] d_2 = -\dfrac{I_{\text{dc}}B_1}{6S}\cos(2\alpha_1) + \dfrac{U_{\text{ref,dc}}}{4U_{\text{s}}}\cos(\alpha_1 - \varphi) \\[2mm] d_3 = \dfrac{I_{\text{dc}}U_{\text{ref,dc}}}{6SB_1} - \dfrac{\cos(\alpha_1 + \varphi)}{9U_{\text{s}}} \\[2mm] d_4 = \dfrac{\omega C_{\text{SM}}U_{\text{dc}}^3}{2NSB_1U_{\text{ref,dc}}} - \dfrac{\sin(\alpha_1 + \varphi)}{18U_{\text{s}}} \end{cases} \tag{5-20}$$

上桥臂电容电压 $u_{\text{cap,ap}}(t)$ 和下桥臂电容电压 $u_{\text{cap,an}}(t)$ 可表示为式（5-21）：

$$\begin{cases} u_{\text{cap,ap}}(t) = U_{\text{cap,0}} + \displaystyle\int \dfrac{u_{\text{ref,ap}}(t)}{C_{\text{SM}}U_{\text{dc}}} \cdot \left[\dfrac{I_{\text{dc}}}{3} + \dfrac{i_{\text{a}}(t)}{2}\right] dt \\[4mm] u_{\text{cap,an}}(t) = U_{\text{cap,0}} + \displaystyle\int \dfrac{u_{\text{ref,an}}(t)}{C_{\text{SM}}U_{\text{dc}}} \cdot \left[\dfrac{I_{\text{dc}}}{3} - \dfrac{i_{\text{a}}(t)}{2}\right] dt \end{cases} \tag{5-21}$$

代式（5-2）、式（5-3）、式（1-1）、式（2-8）、式（2-19）代入式（5-21），得到：

$$\begin{cases} u_{\text{cap,ap}}(t) = U_{\text{cap,0}} + u_{\text{cap,1}\omega} + u_{\text{cap,2}\omega}(t) + u_{\text{cap,3}\omega}(t) \\ u_{\text{cap,an}}(t) = U_{\text{cap,0}} - u_{\text{cap,1}\omega} + u_{\text{cap,2}\omega}(t) - u_{\text{cap,3}\omega}(t) \end{cases} \tag{5-22}$$

其中，$U_{\text{cap,0}}$ 的表达式已在式（5-15）中提出；$u_{\text{cap,k}\omega}(t)$ 表示谐波分量，表达式如下：

$$
\begin{cases}
u_{\text{cap},1\omega}(t) = \dfrac{U_{\text{ref,dc}}S\sin(\omega t - \varphi)}{3\omega C_{\text{SM}}U_s U_{\text{dc}}} - \dfrac{B_2 S\sin(\omega t + \alpha_2 + \varphi)}{6\omega C_{\text{SM}}U_s U_{\text{dc}}} \\
\qquad\qquad - \dfrac{B_1 I_{\text{dc}}\sin(\omega t + \alpha_1)}{3\omega C_{\text{SM}}U_{\text{dc}}} \\
u_{\text{cap},2\omega}(t) = -\dfrac{B_2 I_{\text{dc}}\sin(2\omega t + \alpha_2)}{6\omega C_{\text{SM}}U_{\text{dc}}} - \dfrac{B_1 S\sin(2\omega t + \alpha_1 - \varphi)}{12\omega C_{\text{SM}}U_s U_{\text{dc}}} \\
u_{\text{cap},3\omega}(t) = -\dfrac{B_2 S\sin(3\omega t + \alpha_2 - \varphi)}{18\omega C_{\text{SM}}U_s U_{\text{dc}}}
\end{cases}
\tag{5-23}
$$

需要注意的是，虽然上述表达式看起来很复杂，但使用起来是非常简便的。这是因为所有必需变量的代数表达式都已经通过推导得出，并且没有需要数值解的变量。此外，为了便于理解，给出图 5-1 计算流程图。基于该流程图，可以逐步计算电气量的稳态值。

图 5-1　计算流程图

5.2.3　桥臂直流参考量动态调控的影响分析

在章节 5.2.2 的基础上，能够得到平均电容电压 $U_{\text{c,avg}}$ 与桥臂参考电压直流分量 $U_{\text{ref,dc}}$ 的关系如下：

$$
\begin{aligned}
U_{\text{c,avg}} &= \frac{1}{T}\int_0^T u_{\text{cap,ap/an}}(t)\mathrm{d}t \\
&= U_{\text{cap},0} \\
&= \underbrace{\frac{U_{\text{dc}}^2}{2NU_{\text{ref,dc}}}}_{\text{主要分量}} - \underbrace{\left[\frac{SB_1\sin(\alpha_1+\varphi)}{6\omega C_{\text{SM}}U_s U_{\text{dc}}} - \frac{B_1 B_2 S\sin(\alpha_1-\alpha_2-\varphi)}{24\omega U_{\text{ref,dc}}C_{\text{SM}}U_s U_{\text{dc}}}\right]}_{\text{次要分量}}
\end{aligned}
\tag{5-24}
$$

其中，B_1，α_1，B_2，α_2 的表达式见式（5-16）～式（5-19）。

由式（5-24）中可见，平均电容电压 $U_{\text{c,avg}}$ 由主要分量与次要分量两部分构成。主要分量与桥臂参考电压直流分量 $U_{\text{ref,dc}}$ 呈反比关系，并且该部分与输出功率无关。相比之下，次要分量的表达式中包含 S 和 φ，这意味着次要分量会受到功率条件的影响。

因此，从式（5-24）中可知，主要分量使 $U_{c,avg}$ 与 $U_{ref,dc}$ 成反比关系，可以用 $(U_{dc}^2/2N)\cdot(1/U_{ref,dc})$ 描述。同时，由于次要分量的存在，使它们之间的具体关系还受到功率条件的影响。此外，如果不考虑式（5-7）中的电容电压波动，则式（5-11）中的 U_0 将为：$NU_{cap,0}U_{ref,dc}/U_{dc}$。因此，得到的式（5-24）将仅包含主要分量。也就是说，如果忽略次要分量，则不考虑电容电压波动对平均电容电压的影响。

图 5-2 是不同功率条件下 $U_{c,avg}$ 随 $U_{ref,dc}$ 变化的曲线。无论功率条件如何，$U_{c,avg}$ 相对于 $U_{ref,dc}$ 的变化都具有相同的趋势。但是，功率条件主要影响了 $U_{c,avg}$–$U_{ref,dc}$ 曲线与主要分量曲线（即 $U_{c,avg}=(U_{dc}^2/2N)\cdot(1/U_{ref,dc})$）之间的偏差幅度。当 $\varphi=-\pi/2$ 时，$U_{c,avg}$-$U_{ref,dc}$ 曲线高于主要分量曲线；当 $\varphi=\pi/2$ 时，$U_{c,avg}$-$U_{ref,dc}$ 曲线低于主要分量曲线。仿真结果与式（5-24）计算结果拟合较好，可以证明计算结果精度高，所得分析结果的正确性得以验证。

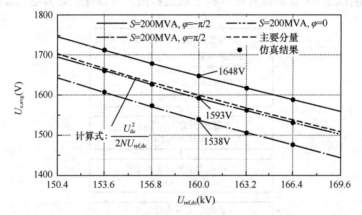

图 5-2　不同功率条件下 $U_{c,avg}$ 随 $U_{ref,dc}$ 变化的曲线

图 5-3 是 S=200MVA 且 φ 从$-\pi$ 变为 π 时 $U_{c,avg}$ 随 $U_{ref,dc}$ 的变化关系。在图中，MMC 在额定功率 S=200MVA 下工作，功率因数角从$-\pi$ 变为 π。从图 5-3 中可以看出，主要分量与 $U_{ref,dc}$ 之间的关系可以用一个斜面来描述，而实际上，$U_{c,avg}$ 与 $U_{ref,dc}$ 的关系呈现出一个正弦曲面，这种差异正是由于受电容电压波动带来的影响。

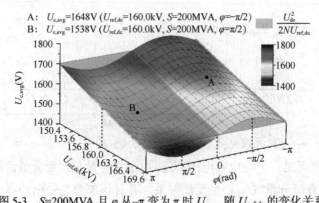

图 5-3　S=200MVA 且 φ 从$-\pi$ 变为 π 时 $U_{c,avg}$ 随 $U_{ref,dc}$ 的变化关系

根据式（5-24）的具体表达式以及图 5-2、图 5-3 所呈现的关系，可以清楚地看出 $U_{\text{c,avg}}$ 与 $U_{\text{ref,dc}}$ 之间的关系，并将一些研究结论总结如下。

第一，平均电容电压不仅由主要分量组成，而且还包含一个次要分量。电容电压波动是次要分量的主要来源，次要分量带来的影响不容忽视。例如，从图 5-3 中的点 A 和点 B，平均电容电压 $U_{\text{c,avg}}$ 的差值可以达到标称电容电压（1600V）的 6.9%。然而目前大多数研究都没有考虑到这一细微但重要的平均电容电压组成部分。

第二，由于主要分量的影响，$U_{\text{c,avg}}$ 在所有功率条件下都随着 $U_{\text{ref,dc}}$ 的增加而呈下降趋势。主要分量不受 MMC 的功率条件影响，并且与桥臂参考电压直流分量成反比。

第三，$U_{\text{c,avg}}$ 与 $U_{\text{ref,dc}}$ 的关系受到 MMC 功率条件的高度影响，其主要体现在次要分量中。当 $\varphi=[-\pi, 0)$ 和 $\varphi=[0, \pi)$ 时，$U_{\text{c,avg}}$ 与 $U_{\text{ref,dc}}$ 的关系曲线分别在曲线 $U_{\text{c,avg}}=(U_{\text{dc}}^2/2N)\cdot(1/U_{\text{ref,dc}})$ 之上和之下。分析结果表明，在不采用平均电容电压控制的情况下，$U_{\text{c,avg}}$ 可能会高于其标称值（U_{dc}/N），从而导致电容电压最大值升高。这样的结果是被迫需要具有更大容值的子模块电容器，由此会增加 MMC 的尺寸并使成本变高。由此可知，$U_{\text{c,avg}}$ 能够随功率条件变化而改变的特性，使得平均电容电压控制策略对于 MMC 来说变得尤为重要。

第四，$U_{\text{ref,dc}}$ 和 $U_{\text{c,avg}}$ 之间存在不相容的关系。当桥臂直流参考量设置为恒定值时，平均电容电压将随 S 和 φ 变化。相反，当平均电容电压被控制为固定值时，桥臂直流参考量也将随 S 和 φ 的变化而变化。也就是说这两个参数是不能同时被指定的。值得一提的是在目前的研究中 $U_{\text{ref,dc}}$ 和 $U_{\text{c,avg}}$ 都被认为是一个固定不变的常量，这可能会给 MMC 的分析带来错误。

上述研究对 MMC 的控制器的设计和实际应用具有重要意义。例如，基于上述分析，当 MMC 为交流侧电网提供无功功率时，传统的平均电容电压控制策略可能会带来负面影响。在传统方法中，$U_{\text{c,avg}}$ 总是被控制为 U_{dc}/N；然而，从第三个结论来看，在产生无功功率的功率条件下，当不使用平均电容器电压控制时 $U_{\text{c,avg}}$ 会自然下降到低于 U_{dc}/N。换句话说，在该功率条件下，传统方法的控制将会使最大电容电压增大，从而增加对电容的要求，这将增加 MMC 的体积、重量，并导致工程成本变高。因此，本章节的研究为传统方法的改进提供了理论依据。

5.3　基于桥臂直流参考量动态调控的 MMC 子模块电容需求降低方法

5.3.1　降低子模块电容需求的基本原理

本节解释了所提出的 MMC 子模块电容需求降低方法的原理。MMC 主电路参数见表 5-1。

表 5-1   MMC 主电路参数

参数	设定值
基频 f	50Hz
额定容量 S_{rated}	200MW
额定线电压（rms）*	155kV
直流侧电压 U_{dc}	±160kV
每个桥臂子模块数量	200
桥臂电感 L_m	80mH
交流测电感 L_t	40mH
子模块电容值 C_{SM}	6300μF
额定电容电压	1600V

* 缩写：rms，方均根值。

为便于分析，对式（5-24）进行简化，将式（5-24）中所有关于桥臂电压参考量的变量替换为关于桥臂调制信号的变量，如下所示：

$$U_{c,avg} = \frac{U_{dc}}{2A_0 N} + \frac{A_1 A_2 S \sin(\alpha_1 - \alpha_2 - \varphi)}{24\omega A_0 C_{SM} U_s} - \frac{SA_1 \sin(\alpha_1 + \varphi)}{6\omega C_{SM} U_s} \tag{5-25}$$

如章节 5.1 中所述，可以通过降低平均电容电压来降低电容需求。根据式（5-25）可知，平均电容电压受 12 个因素影响，它们是 S，ϕ，ω，U_s，U_{dc}，A_1，α_1，A_2，α_2，C_{SM}，N，A_0。平均电容电压的影响因素分析见表 5-2。可以看出，S，ϕ，ω，U_s，U_{dc}，A_1，α_1，A_2，α_2 是给定功率条件和电力系统参数下的确定值。因此，仅一个桥臂中的子模块数量 N 和调制信号的直流分量 A_0 是可以用作降低平均电容电压的变量，同时不影响 MMC 的正常运行。

表 5-2   平均电容电压的影响因素分析

影响因素	影响因素分析
S, φ	由系统需求确定
ω, U_s, U_{dc}	由直流、交流系统确定
A_1, α_1	由 MMC 输送功率确定
A_2, α_2	由抑制的环流确定
C_{SM}	增加电容需求
N	能够调整
A_0	能够调整

其中，基于增加 N 的平均电容电压降低方法需要对 MMC 的主电路进行修改，且子模块数量的增加会造成工程成本的提高。除了改动 N 之外，平均电容电压 $U_{c,avg}$ 可以通过调制信号的直流分量 A_0 来调节。为了便于分析，将式（5-25）改写为式（5-26）的形式。从该式可以看出 $U_{c,avg}$ 由主要分量和次要分量组成，主分量与 A_0 成反比，且不受功率条件的影响；次要分量相对复杂，并且与 S 和 φ 有关。结果表明，在 MMC 的所有功率条件下，主要分量均能使 $U_{c,avg}$ 与 A_0 呈负相关，其相关性可用$(U_{dc}/2N)\cdot(1/A_0)$曲线来描述；同时，次

78

要分量的存在使 $U_{c,avg}$ 和 A_0 之间的实际变化关系曲线与 $U_{c,avg} = (U_{dc}/2N) \cdot (1/A_0)$ 曲线之间存在一定程度上的偏离。

$$U_{c,avg} = f_{Uavg}(A_0)$$
$$= \underbrace{\frac{U_{dc}}{2NA_0}}_{主要分量} - \underbrace{\left[\frac{SA_1 \sin(\alpha_1 + \varphi)}{6\omega C_{SM} U_s} - \frac{A_1 A_2 S \sin(\alpha_1 - \alpha_2 - \varphi)}{24\omega A_0 C_{SM} U_s}\right]}_{次要分量} \quad (5\text{-}26)$$

其中，$f_{Uavg}(A_{dc})$ 表示 $U_{c,avg}$ 随 A_{dc} 变化的表达式。

图 5-4 是不同功率条件下 $U_{c,avg}$ 随 A_0 变化的曲线。可以看出，无论处于什么样的功率条件，$U_{c,avg}$ 都随着 A_0 的增加而下降，并且这种下降趋势可以通过$(U_{dc}/2N) \cdot (1/A_0)$的表达式来描述。此外，图 5-4 中的黑点表示仿真结果，与根据式（5-26）得到的计算结果能够良好吻合，证明上述分析是正确的。因此能得出结论，A_0 的增加可以降低平均电容电压，进而使电容电压的最大值降低，达到降低电容需求的目的。

必须指出的是，电容电压不能无限降低。如果降低幅度过大将导致 MMC 的不安全运行。因此需要围绕电容需求降低的安全域进行研究。注意，输出功率、直流侧电压、交流侧电压、输出电流和桥臂电流不会随 A_0 的变化而变化，A_0 的增量主要影响初始调制信号的大小，见式（2-17）。

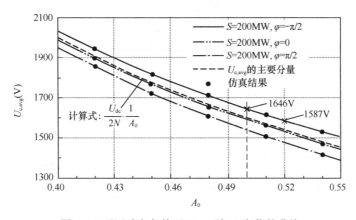

图 5-4　不同功率条件下 $U_{c,avg}$ 随 A_0 变化的曲线

为了便于阐述，在本研究中，调制信号的最大值和最小值分别用 M_{max} 和 M_{min} 表示。即

$$\begin{cases} M_{max} = \max[S_{ap}(t)] \\ M_{min} = \min[S_{ap}(t)] \end{cases}. \quad (5\text{-}27)$$

其中，符号"$\max[\cdot]$"和"$\min[\cdot]$"分别表示等式的最大值和最小值。

图 5-5 是当 MMC 功率条件为"$S = 200\text{MW}$，$\varphi = 0$"时，不同 $U_{c,avg}$ 下的 $S_{ap}(t)$ 波形。可以看出，调制信号的最大值 M_{max} 随着 A_0 的增加而增加；同时，平均电容电压显著降低。当 $U_{c,avg}$ 从其额定值 1600V 降至 1450V 时，M_{max} 从 0.897 增至 0.989。此外，如果 $U_{c,avg}$ 过

度减小，例如减小至 1400V，则将发生过调制。此外值得注意的是，$U_{c,avg}$ 的变化对调制信号的最小值只有很小的影响。

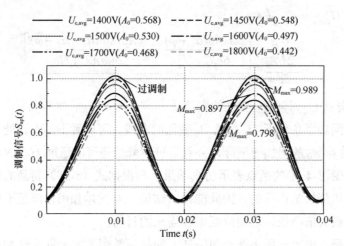

图 5-5　当 MMC 功率条件为 "$S = 200MW$，$\varphi = 0$" 时，不同 $U_{c,avg}$ 下的 $S_{ap}(t)$ 波形

从上面给出的分析，电容需求降低方法的安全域受限于发生过调制的边界，由此可以构建如下优化模型，以获得安全域内的平均电容电压所允许的最小值：

$$\min\ U_{min} = f_{Uavg}(A_0)$$
$$s.t.\quad M_{max} \leqslant M_{ratio}$$
$$M_{min} \geqslant 1 - M_{ratio} \tag{5-28}$$

其中，U_{min} 表示电容需求降低方法的安全域内 $U_{c,avg}$ 的最小允许值；$f_{Uavg}(A_0)$ 如式（5-28）所示，表示 $U_{c,avg}$ 随 A_0 变化的表达式；M_{ratio} 代表了调制比的最大允许值，通常为 0.95。

5.3.2　子模块电容需求降低的实现方法

在本节中给出了所提出的电容需求降低方法的实现过程。首先给出了控制框图；然后，详细说明了 "U_{min} 计算模块"，这是所提的电容需求降低方法的核心组成部分。

1. 控制框图

图 5-6 是 MMC 中控制系统的总体框图，MMC 总的控制系统由原始控制系统和所提出的电容需求降低方法的控制器组成。

原始控制系统（见图 5-6）采用的是 MMC 的常用控制策略。在原有的控制系统中，输出功率控制器通过调节调制信号的基波分量 "$A_1\cos(\omega t+\alpha_1)$" 来控制 MMC 的输出功率；环流控制器通过调节调制信号的二次谐波分量 "$A_2\cos(2\omega t+\alpha_2)$" 将环流抑制到零。值得注意的是，在传统方法中，$A_0$ 被设置为 0.5 的恒定值。上述三个分量共同构成调制信号，然后输入到调制单元产生用于触发主电路中 IGBT 的触发信号。

当使用所提出的电容需求降低方法时，从电容需求降低方法的控制器中获得 A_0 的值（见图 5-6）。在电容需求降低方法的控制器中，"U_{min} 计算模块" 负责根据功率条件计算 $U_{c,avg}$

被允许的最小值 $U_{\min}$。然后，将 $U_{\min}$ 与测量值之间的误差除以 U_{dc}/N 进行归一化，并输入到比例积分（PI）单元，以生成所需的 A_0。同时，输入 0.5 的常数值作为补偿，以便更快地跟踪 $U_{\min}$ 的值。在所提方法中，A_d 的值不再是恒定值，并且根据功率条件"$S，\varphi$"变化而改变。

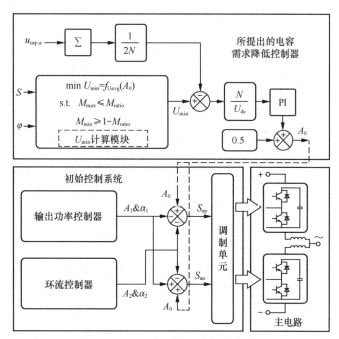

图 5-6　MMC 中控制系统的总体框图

2. $U_{\min}$ 计算模块

图 5-7 是计算 $U_{\min}$ 的程序，计算中使用割线法。在图 5-7 中，n 表示迭代次数；上标符号（n）表示第 n 次迭代中的变量。该程序解释如下：

（1）输入视在功率 S 和功率因数角 φ。然后，迭代次数 n 被初始化为 1。根据割线法的使用，应给出 $A_0^{(1)}$ 和 $A_0^{(2)}$ 的值，分别代表第 1 次和第 2 次迭代中的 A_0。请注意，它们的值只影响迭代次数，而不影响最终输出的结果。推荐值为 $A_0^{(1)} = 0.5$ 和 $A_0^{(2)} = 0.6$。

（2）式（5-28）中的约束可以等效于 $M_{jud} < M_{ratio}$，其中 M_{jud} 的定义在式（5-29）中示出。然后，表示当前迭代中的 A_0 的值 $A_0^{(n)}$ 可以通过图 5-7 中所示的等式来计算。该方程源自割线法中的表达式。注意，在前两次迭代中，跳过了 A_0 的计算，因为它们的值已经给出。

$$M_{jud} = \max\left[M_{\max}, 1 - M_{\min}\right] \tag{5-29}$$

（3）基于式（4-6）、式（5-26）、式（5-27）和式（5-29）来计算 $M_{jud}^{(n)}$、$U_{c,avg}^{(n)}$ 相对于 $A_0^{(n)}$ 的值。

（4）计算 $M_{jud}^{(n)}$ 和 M_{ratio} 之间的差值。如果差值小于容许误差 α_e，则迭代结束；否则，

迭代次数 n 将增加 1，程序将返回步骤（2）。

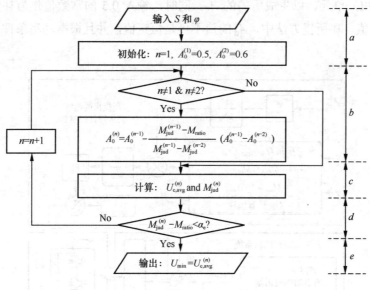

图 5-7　计算 U_{min} 的程序

（5）最终迭代中输出的 $U_{c,avg}$ 值，即为在输入的特定功率条件下 U_{min} 的所需值。

　　基于上述过程，可以形成名为 $TAB(S, \varphi)$ 的表。为了便于理解，图 5-8 呈现了 TAB (S, φ) 的形成图。表 $TAB(S, \varphi)$ 的形成过程中：S_{max} 是 MMC 的最大视在功率，S 从 0 到 S_{max} 逐次增加 S_{step}；φ 从 0 到 $2\pi-\varphi_{step}$ 逐次增加 φ_{step}。表 $TAB(S, \varphi)$ 的内容是 U_{min} 相对于 S 和 φ 的值。应用表 5-1 中的 MMC 主电路参数，通过三维图展示了一张 U_{min} 随 S，φ 变化的曲面图（见图 5-8）。之后就可以通过参考该表来获得在 "S, φ" 的功率条件下 U_{min} 的值。

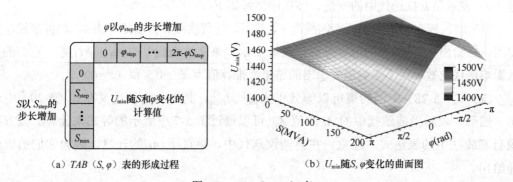

（a）$TAB(S, \varphi)$ 表的形成过程　　　　　（b）U_{min} 随 S, φ 变化的曲面图

图 5-8　$TAB(S, \varphi)$ 表

　　图 5-9 是 U_{min} 计算模块控制框图。输入的 S 和 φ 分别除以 S_{step} 和 φ_{step}；然后，它们被 "round" 单元舍入到其最接近的整数；之后，结果分别乘以 S_{step} 和 φ_{step}；最后，可以根据处理后的 S 和 φ 找到对应的 U_{min}。U_{min} 相对于 S 和 φ 的值预先存储在表 $TAB(S, \varphi)$ 中。

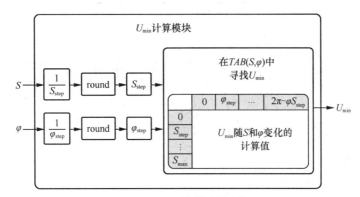

图 5-9 U_{min} 计算模块控制框图

5.4 仿真验证

为了验证所提出的电容需求降低方法，在 MATLAB/Simulink 中进行了仿真。所用 MMC 的拓扑结构见图 1-1，主电路参数见表 5-1。

5.4.1 所提子模块电容需求降低方法与传统方法的比较

首先通过仿真，将本文提出的子模块电容需求降低方法与其他方法进行了比较。在传统的方法中，环流被抑制到零，调制信号中的直流分量总是 0.5；而在所提方法中，增加了电容需求降低控制器（见图 5-6）；并且将 M_{ratio} 设置为通常采用的值 0.95。已有方法一中，流经上下桥臂的能量波动被抑制，以此来以降低电容电压。已有方法二中，注入了经过优化的环流以最小化电容电压波动。

图 5-10 是不同电容电压减小方法的比较。功率条件为 "$S = 200MW$，$\varphi = -\pi/2$"，因为电容电压在此功率条件下最高。可以看出，四种方法中的最大电容器电压分别为 1761、1644、1758 和 1750V。在所提出的方法中，最大电容电压仅为额定电容电压（1600V）的 2.75%；相比之下，其他三种方法的值分别为 10.00%，9.88% 和 9.38%。此外，从图 5-10 中可以看出，已有方法一、二通过减小电容电压波动来发挥作用，这些方法在降低最大电器电压方面不是很有效。在实际的电容选择中，电容电压的最大值更为重要，因为过高的电压会导致 IGBT 和电容被击穿；电容电压的波动幅度则不太重要，已经证明 MMC 在其电容电压波动较大时仍然可以很好地工作。因此，所提出的方法是最有效的。

图 5-11 是四种方法中的桥臂电流波形。如图 5-11 所示，峰值分别为 536A（传统方法）、536A（所提 CRR 方法）、610A（已有方法一）和 724A（已有方法二）。结果表明，所提方法不会对桥臂电流产生影响。此外，表 5-3 是桥臂电流的 RMS 值。可以看出，当使用已有方法 1 和 2 时，RMS 值分别从 373A 增加到 390A 和 429A。桥臂电流的增加会增加 MMC 的损耗。相比之下，所提出的电容需求降低方法没有增加桥臂电流的负面影响。

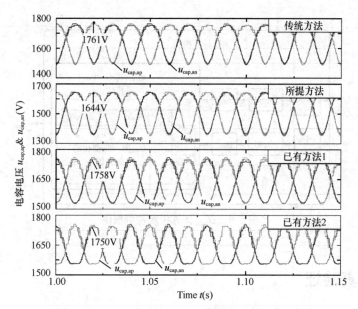

图 5-10　不同电容电压减小方法的比较

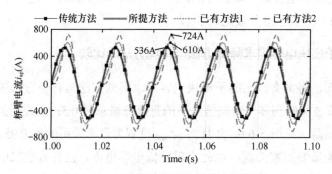

图 5-11　四种方法得到的桥臂电流波形

表 5-3　　　　　　　　　　　　　　桥臂电流的 RMS 值

方法	桥臂电流（RMS 值）（A）
传统方法	373
所提电容需求降低方法	373
方法一	390
方法二	429

5.4.2　直流侧和交流侧电压波动的影响

在 MMC 的实际操作中，直流侧电压 U_{dc} 和交流侧电压 U_s 可能在其额定值附近波动，这可能导致过调制问题。因此，调制信号不应填满整个调制区域[0, 1]。为接受 U_{dc} 和 U_s 一定范围内的波动，应给调制留出一定的余量。因此，在计算 U_{min} 的过程中，M_{max} 的限制值不是 1，而是调制比的最大允许值 M_{ratio}。

M_{ratio} 是变换器中常用参数。一般来说，选择的 M_{ratio} 值在 0.9 到 0.98 之间。图 5-12 是

M_{ratio} 设置为不同值时需要的电容容值。其中，实线是理论计算结果，黑点是仿真结果。点划线是指未使用所提的电容需求降低方法时的情况。当 M_{ratio}=0.92 时，电容容值需求可从 6300μF 降至 4750μF，降低了 17.8%。当 M_{ratio}=0.98 时，电容可降至 3900μF，降低了 38.1%。由此可见，电容需求降低的程度与 M_{ratio} 呈正相关。对于 U_s 和 U_{dc} 波动较小的系统，通常将 M_{ratio} 设置为较大值；对于 U_s 和 U_{dc} 波动较大的系统，通常将 M_{ratio} 设置为较小值。

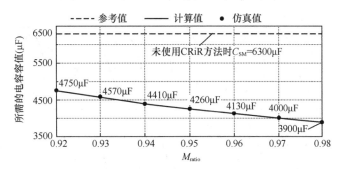

图 5-12　M_{ratio} 设置为不同值时需要的电容容值

以 M_{ratio}=0.95 为例，图 5-13 是当电容容值降至 4260μF 时的电气量波形，自上而下分别为电容电压、桥臂电流和调制信号。调制信号的最大值是 0.95，与设定值一致（见图 5-13）。电容电压的最大值为 1760V，正好超过额定值（1600V）10%。图 5-14 是 U_{dc} 和 U_s 波动时调制信号的波形。在图 5-14 的第一张子图中，U_s 在额定值基础上增加了 5%，而 U_{dc} 减少了其额定值的 2.5%。虽然调制信号的最大值提高了，但由于预留的裕度存在，仍然避免了过调制的发生。比较图 5-14 中的四种典型工况，当 M_{ratio}=0.95 时，预留的余量可以容忍 U_s 和 U_{dc} 分别在 ±5% 和 ±2.5% 的范围内波动。

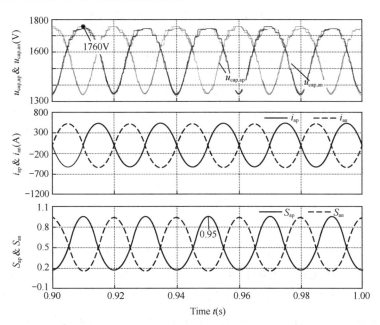

图 5-13　当电容容值降至 4260μF 时的电气量波形

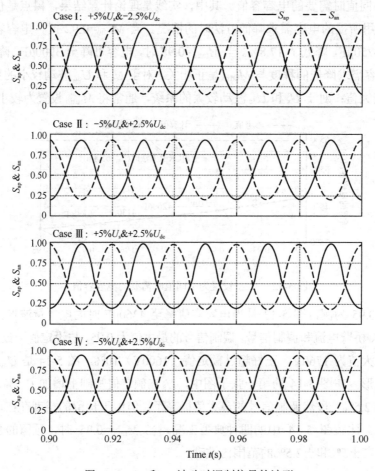

图 5-14 U_{dc} 和 U_s 波动时调制信号的波形

5.4.3 使用所提电容需求降低方法前后的电气量波形

为了进一步验证所提出的电容需求降低方法的有效性，展示了更多在使用该方法前后的电气量波形。图 5-15 是 $S=200MW$，$\varphi=0$ 时使用所提方法前后电气量的波形，图 5-16 是 $S=200MW$，$\varphi=-\pi/2$ 时使用所提方法前后电气量的波形。每幅图中的五个子图分别是输出功率、电容电压、直流侧电压、桥臂电流和调制信号的波形。

在仿真中，从 $t=0s$ 到 $t=1.2s$ 使用传统控制方法；在此期间，环流被抑制为零，调制信号中的直流分量始终为 0.5。在 $t=1.2s$ 时加入了所提出的电容需求降低方法。仿真结果的分析如下。

首先，可以看出，通过应用所提出的电容需求降低方法，可以有效降低电容电压。额定电容器电压为 $U_{dc}/N=320kV/200=1600V$。在图 5-15 和图 5-16 中，最大电容器电压分别超过额定值 98V 和 161V。在加入所提出的电容需求降低控制器后，最大电容器电压仅分别超过额定值 28 和 44V。因此，子模块电容器的过电压可以分别降低 71.4% 和 72.7%。此外，所提出的电容需求降低方法不仅可以降低电容电压的最大值，而且可以降低电容电压的平均值。

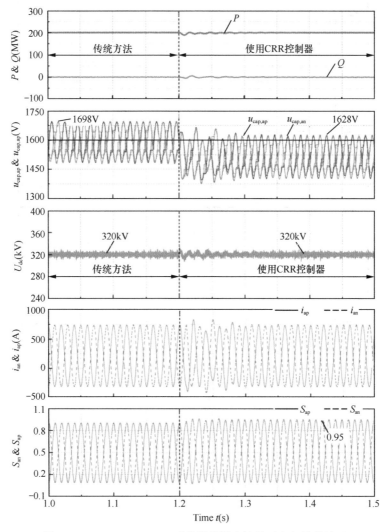

图 5-15　S=200MW, φ=0 时使用所提方法前后电气量的波形

其次，所提出的电容需求降低方法并不会导致桥臂电流增大，在添加控制前后桥臂电流保持不变，因此在降低电容需求的同时并无其他负面影响。应该注意的是，平均电容电压的降低不会影响 MMC 的直流侧电压。从图 5-15 和图 5-16 中可以看出，使用所提出的电容需求降低方法前后，直流侧电压均为 320kV。此外，MMC 的输出功率也没有任何改变。

最后，当加入电容需求降低控制器时，调制信号的最大值为 0.95。这正好等于 M_{ratio} 的设定值。因此，可以验证图 5-7 所示的计算流程是准确的。当然，可以根据实际需要将 M_{ratio} 设置为其他值。图 5-12 显示了不同 M_{ratio} 下所提出的电容需求降低方法的有效性。

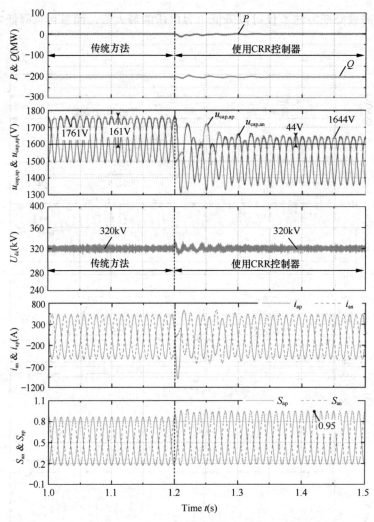

图 5-16　S=200MW, φ= −π/2 时使用所提方法前后电气量的波形

第 6 章

模块化多电平换流器的预充电控制策略

随着我国能源科技的持续发展，含高比例新能源发电的交直流混合电网成为我国电力行业现阶段发展的主流趋势，基于电压源型变换器（Voltage Source Converter，VSC）的电力变换装置逐渐成为交直流网络互联的关键设备。其中，MMC 作为电压源型变换器，具有建设难度低、转换效率高、波形质量好及故障处理能力强等诸多优点，该拓扑逐渐成为我国中高压直流电网发展的主流趋势。MMC 拓扑中各相单元中包含大量的子模块电容，为防止启动时出现过流现象，保证换流器正常安全工作，需要对电容中所储能量进行有效控制。因此，在换流器进入稳态工作之前，须采用合适的启动方式对子模块电容进行充电。换流器的启动是复杂的暂态过程，合理的控制方式对提高启动速度、增强稳定性、抑制过电流至关重要。本章就 MMC 的启动过程分析、充电等效电路及充电控制策略等方面展开研究，并在仿真平台和实验平台中建立 MMC 充电模型，验证所提策略的有效性和安全性。

6.1 MMC 启动策略概述

目前国内外学者对 MMC 启动控制策略展开了一定的研究，在他励式启动、自励式启动等领域取得了一定的成果。

6.1.1 他励式启动策略

根据模块化多电平换流器拓扑结构的特点设计了不同的利用直流辅助电源充电策略，他励式启动策略具有充电过程控制简单，稳定性高等优点。

1. 他励直接充电方法

根据模块化多电平换流器的直流回路特性，在换流器直流侧出口处施加辅助直流电源。闭锁的子模块被迫串联至充电回路中，驱动电路从而获得一定的能量，确保具有输出触发信号的能力，通过控制各子模块投切状态，最终将电容充电至额定电压。该方法稳定性较高、操作简单，但在高压直流领域，站内子模块数目达到数百之多，采用子模块电容逐一充电的方法操作时间较长。

2. Boost电路充电方法

为解决高压直流电网中换流器充电，直流辅助电源电压过高的弊端，有学者提出利用模块化多电平换流器中桥臂电感作为储能元件，将低压直流电源通过串联阻断二极管连接到换流器的直流总线上，在有序的开关动作的控制方式下形成 boost 电路，提升直流电源电压，为子模块电容继续充电。此外，由于升压电路的控制特性使该方法的应用更加灵活，例如辅助电源电压值的选择并不固定。该种方法一定程度上提高了中压换流器直流侧他励充电的经济性和安全性，综合利用了换流器拓扑中的电感储能元件，提高了能源利用效率。

6.1.2 自励式启动策略

为了解决各种子模块电路和基于 MMC 的高压直流系统的启动难题，通过 MMC 自励启动的方式进行子模块电容预充电控制成为一种新的选择。随着研究的深入，自励启动方式中也分出了很多的类型和研究分支，下面进行逐一介绍：

1. 子模块分组投切方法

在启动过程中利用交流系统对 MMC 子模块电容进行充电，结合传统的电容电压分类算法动态调整闭锁子模块和旁路子模块数量，并通过大功率启动电阻来限制充电电流峰值。

2. 定直流电压方法

参考传统两三电平换流器的预充电方法，提出两种减少冲击电流的方法：第一种方法是在解锁全站时保持模块数不变，然后快速将模块数减少，同时控制充电过程。另一种方法是，当开始控制充电过程时解锁，保持给定的直流电压不变。前者的方法可以归为子模块投切的控制方法，而后者的控制方法即为定直流电压方法。定直流电压控制子模块充电时，可以采用双闭环解耦控制策略，提高电流控制的响应速度和控制精度。通过逐渐增加外环系统中的直流电压参考值，获得子模块电容电压的上升，当 MMC 直流侧电压达到额定值时，子模块的电容电压值也达到额定值，完成启动过程。

3. 复杂闭环控制方法

该方法首先根据电容器充电回路的独特性和运行条件，推导出启动过程中电容器电压和循环电流回路的小信号模型，并在此基础上给出了一种电容电压前馈控制，在不影响系统稳定裕度和实现复杂度的情况下实现快速动态响应，有效抑制了桥臂电感与子模块电容之间的共振限制电容器电压充电回路的总带宽所造成较差的动态响应，具有良好稳态和动态性能。基于半桥臂闭锁的电拓扑，通过恒定充电电流的闭环控制策略，利用上下桥臂分开充电的方法有效避免了过调制的风险，同时提高了充电电流的波形质量。

4. 复杂子模块拓扑控制方法

基于钳位型子模块拓扑的 MMC 在非受控状态下的等效充电电路，提出了一种新的分组顺序控制充电方法：先为所有钳位型子模块分组，将所选组中的钳位型子模块在阻塞模式下充电，其余的被旁路，根据充电电流的极性，阻塞状态下的钳位型子模块依据子模块端口电流方向分为两种类型进行投切选择。

6.2　MMC 预充电过程分析

通常 MMC 有六个桥臂，每个桥臂由 N 个子模块和一个电感串联组成，其原理图见第 2 章。不同类型的子模块可以构成不同类型的 MMC，图 6-1 展示了五种不同子模块拓扑示意图：半桥子模块、全桥子模块、中性点钳位子模块、飞跨电容子模块、钳位双子模块。

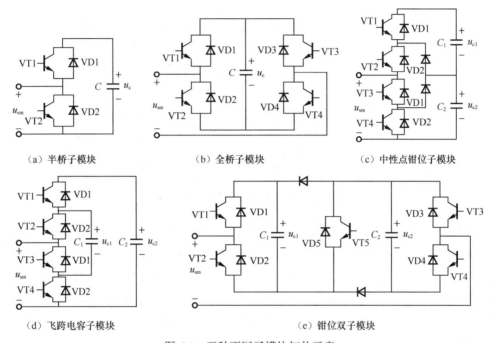

（a）半桥子模块　　　　　　　（b）全桥子模块　　　　　　　（c）中性点钳位子模块

（d）飞跨电容子模块　　　　　　　　　（e）钳位双子模块

图 6-1　五种不同子模块拓扑示意

开关的工作模式和桥臂臂电流方向决定了子模块中的电流路径，通过控制 IGBT 的导通和关断可以使得子模块处于不同的工作状态，半桥子模块的三种工作状态如图 6-2 所示。虽然不同的子模块工作模式和控制手段有所差异，但它们都可以通过简化充电电路的方式满足充电过程的要求。

在实际工程中，总是需要限流电阻来防止涌浪电流，从交流侧对换流器的预充电过程可以划分为两个阶段：

（1）不可控预充电（第一阶段）：在该阶段开始时，子模块电容的电压大约为零，无法提供能量控制开关。此时，电网电流流过反并联二极管，形成不受控的整流电路，电路中的子模块电容被充电。在这个阶段结束时，电容器电压之和等于电网线电压，电容器电压可以表示为 U_{c_stage1}。

（2）可控预充电（第二阶段）：第一阶段结束后，此时电容电压足以驱动控制电路，通过对子模块的有序切换，可以将电容器充电到额定电压 U_{c_stage2}。

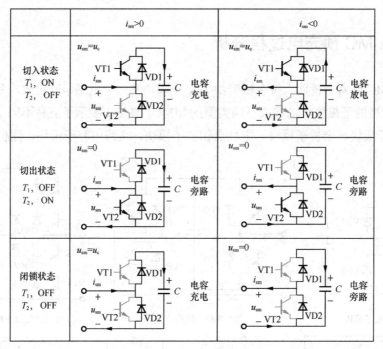

图 6-2　半桥子模块的三种工作状态

近年来，一些新的预充电控制策略使用旁路方式和闭锁方式。在阶段 2 中，因为交流电压无法同时持续对所有子模块电容充电，所以通过动态分组的方式将部分子模块置于旁路模式，而其余子模块继续充电。有研究提出一种对子模块进行实时的分组和排序控制的策略，但是当子模块的数量较大时，计算量也增加。这些传统的交流侧预充电控制策略忽略了桥臂电感的电压泵效应。本章将以此为出发点，提出无须大量计算的升压等效模型和控制策略，实现同一桥臂中所有子模块的同时充电。

6.3　MMC 快速启动预充电控制策略

6.3.1　MMC 预充电等效电路

目前理论分析和工程应用中最常用的子模块拓扑为桥式子模块和钳位式子模块两种，详细的拓扑结构如图 6-1 中所示。其中，半桥子模块结构简单、设备成本低以及控制系统设计简单，但不能隔离直流侧故障电流；而全桥子模块可以有效隔离直流电网故障电流，但 IGBT 数量是半桥的两倍，成本较高且控制器设计较复杂。不难看出这两种拓扑的优缺点在一定程度上互补，因此在某些场合下可以混合使用，形成混合型 MMC（Hybrid MMC）。而钳位双子模块则是由一组钳位电路连接两个半桥子模块构成，在保留全桥子模块输出特性的同时减少了设备成本的投资，但在电容电压均衡控制方面稍显复杂。下面分别以半桥子模块和钳位式子模块为例，介绍其等效充电电路。

可控过程中半桥子模块的电路通路如图 6-2 所示,可见充电过程中仅桥臂电流为正时可以电容进行充电,电流为负时电容电压不会增加;另外,通过表格拓扑的第一行可知:开关 VT1 在预充电过程中不承担任何积极作用,即在桥臂电流为正时,电容是通过反并联二极管 VD1 吸收电能,而电流为负时,电容经 VT1 放电,因此需要 VT1 在充电过程中始终保持关断状态。

通过上述分析,可知在启动过程中,所有子模块的控制模式在切出状态和闭锁状态之间相互转化。切出状态是保证桥臂电流为正时,桥臂输出电压小于电网电压在该桥臂上施加的电动势,而闭锁状态是为了将需要充电的子模块进行强制串联,故可得半桥子模块等效充电电路如图 6-3 所示。

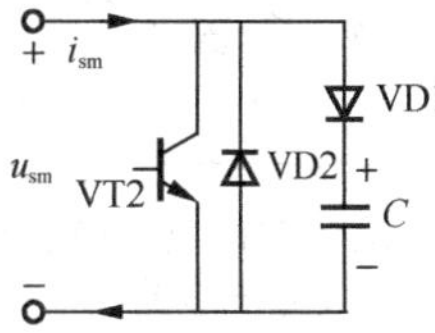

根据图 6-3,仅当子模块电流为正且 VT2 的触发关断信号时,半桥子模块电容进入充电状态,其他操作均不改变电容电压大小,故仅通过单一电力电子器件 VT2 的操作即可有效控制子模块的预充电过程。

图 6-3　半桥子模块等效充电电路

可控过程中钳位双子模块的电路图如图 6-4 所示,由于钳位型子模块不能输出负向电压,因此子模块充放电方向与该子模块所处桥臂的电流极性相同,即桥臂电流为正时,子模块电容被充电或被旁路,电容电压不会减少;反之子模块电容被放电或被旁路,电容电压不能增加。因此在电流为负的阶段,应使子模块保持旁路状态。由于两个子模块由一组钳位二极管构成并联电路进行充电,两电容的充电电压始终相等。另外,由于钳位双子模块的拓扑特点,其结构类似于两个级联的半桥子模块,例如图 6-4 所示的四种切入切出状态,分别对应两组半桥子模块的切入切出的组合。

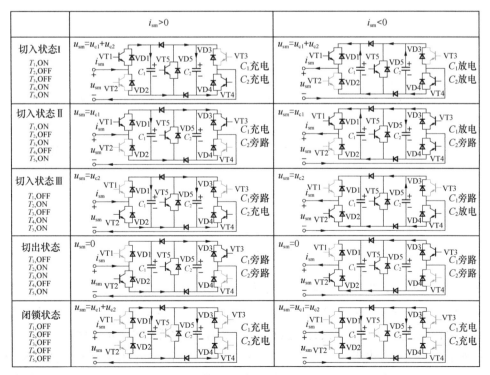

图 6-4　可控过程中钳位双子模块拓扑电路图

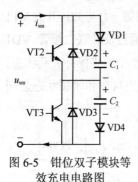

图 6-5 钳位双子模块等
效充电电路图

钳位双子模块的预充电过程中也应尽量避免电容发生放电现象，即 VT1 和 VT4 应始终保持在关断状态。同样的，为简化分析需要保证所有子模块仅在电流为正时进行充电，因此及 VT5 需要保持开通状态。故可得钳位双子模块等效充电电路图如图 6-5 所示。根据通用模型，仅当子模块电流为正且 VT2 和 VT3 的触发关断信号时，子模块电容得以充电，其他操作均不改变电容电压大小。其中值得注意的是 VT2 和 VT3 的触发操作仅分别对电容 C_1 和电容 C_2 的充电过程具有控制效果，即 VT2 控制电容 C_1，VT3 控制电容 C_2，故可仅通过分别操作 VT2 和 VT3 的开关状态有效控制钳位双子模块的预充电过程。

6.3.2 MMC 预充电控制策略

本章提出的充电控制策略的思想，是利用 MMC 主电路拓扑中子模块和桥臂串联电感串联的固有电路特性，将变换器的各相桥臂电路转换成升压电路。利用桥臂电感作为能量传递的介质，使子模块中的电容电压快速充电到额定值。MMC 中的大部分子模块拓扑都可以转化为升压电路，包括图 6-1 所示的子模块拓扑。以半桥子模块为例说明所提方法的预充电原理：

由于三相电网电压是相互对称，所以各相的充电过程相似。假设某时刻 B 相电压最大，以 A 相上臂为例，图 6-6 为 AB 相间半桥子模块充电电路拓扑图，用来阐述半桥子模块的预充电控制。

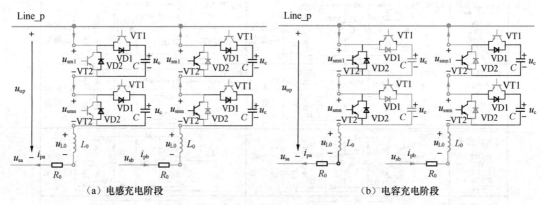

(a) 电感充电阶段　　　　　　　　　　　　(b) 电容充电阶段

图 6-6　AB 相间半桥子模块充电电路拓扑图

在半桥子模块中，当 VT1 导通时可以形成放电电路，这在充电模式下是不可取的。因此所有半桥子模块的 VT1 在第 2 阶段始终关闭。而 VT2 可以由周期信号触发。当所有半桥子模块的 VT2 导通时，电路中只有电感和限流电阻，因此桥臂电流迅速增加，桥臂电感中的磁场能量不断积累。当所有半桥子模块的 VT2 都关闭时，由于电感电流无法突变，因此子模块电容器被迫进入串联电路。桥臂电感将储存的磁场能量和交流电网提供的部分能量转化为子模块电容中的电场能量，促使子模块电容的电压持续上升。充电过程的关键是如何确定 VT2 的脉冲触发，这也决定了子模块中电容电压上升的速度。根据以上分析和图 6-6，第 2 阶段 MMC 的所有子模块有两种子控制模式：

（1）电感器充电模式（下文简称模式 1）：如图 6-6（a）所示，在此模式下所有子模块中的电容器都被旁路，电路中只有电感和限流电阻串联。电感器通过桥臂电流获得能量。由于限流电阻的存在，充电电流始终在安全范围内，下面将对其进行分析。

（2）电容器充电模式（下文简称模式 2）：如图 6-6（b）所示，在这种模式下，同一桥臂中的电容器接入并与电感器和限流电阻器串联。当电容器电压之和大于电网电压时，电流会逐渐减小，而流入电容器的电流使其电压值升高。如果这种状态持续一段时间，电路中的电流将下降到零。因为子模块没有放电电路，电容无法放电，所以电路在下一个电感充电模式之前不会产生任何电流。

对限流电阻的设计进行研究，给出限流电阻计算公式：

$$R_0 = \sqrt{\frac{2U_L}{3I_{ch\_max}^2} - (X_{ch})^2} - R_m \tag{6-1}$$

其中，U_L 为交流电网线电压，I_{ch_max} 为充电过程的最大相电流，X_{ch} 为充电电路的最小电抗，R_m 为桥臂等效电阻。

充电电路的电抗值在模式 1 中达到最小值，可由下式给出：

$$X_{ch} = \omega L_m \tag{6-2}$$

其中，L_m 是桥臂电感，ω 是交流电网角频率。

通过设置安全系数 k_1 来保护 MMC 中的元件免受损坏，最大充电电流设置为

$$I_{ch\_max} = \frac{I_{rated\_m}}{k_1} = \frac{\sqrt{2}S_N}{\sqrt{3}k_1 U_L} \tag{6-3}$$

其中，I_{rated_m} 是额定线电流的峰值。根据以上分析，可以计算出限流电阻。

由图 6-6 可知，B 相桥臂电压为负，桥臂中的电流通过反并联二极管流向正母线（Line_p），忽略二极管的导通压降和桥臂等效电阻，正母线电压为

$$u_{Line\_p} = u_b - R_0 i_{bp} - L_m \frac{di_{bp}}{dt} \tag{6-4}$$

其中，u_{Line_p} 代表正母线电压，R_0 代表限流电阻，L_m 代表桥臂电感。由图 6-6 可知，B 相 IGBT 的开启或关闭不会影响电路中的电流。为了简化控制策略，B 相 IGBT 的控制可以与 A 相相同。根据式（6-4），A 相相应的桥臂电压可由下式得出：

$$u_{ap} = u_{Line\_p} - u_a \tag{6-5}$$

当 A 相上桥臂所有子模块的 VT2 都关断时，可根据等效电路给出桥臂电压：

$$u_{ap} = L_m \frac{di_{ap}}{dt} + R_0 i_{ap} \tag{6-6}$$

模式 1 中的充电电路是一阶电路，假设 t_1 为模式 1 的初始时刻，在 t_1 时 A 相电压的相位角为 φ_{ua1}，初始电流为 I_{a1}。则可得到充电电流的解析公式为

$$i_{a1}(t) = \left[I_{a1} - \sqrt{\frac{1}{6}} \frac{U_L}{|Z_1|} \cos(\varphi_{ua1} - \varphi_{z1}) \right] e^{\frac{t-t_1}{\tau}} + \sqrt{\frac{1}{6}} \frac{U_L}{|Z_1|} \cos\left[\omega(t-t_1) - \varphi_{ua1} - \varphi_{z1} \right] \qquad (6\text{-}7)$$

其中

$$|Z_1| = \sqrt{{R_0}^2 + (\omega L_m/2)^2} \qquad (6\text{-}8)$$

$$\tau = \frac{L_m}{2R_0} \qquad (6\text{-}9)$$

$$\varphi_{z1} = \tan^{-1}\left(\frac{\omega L_m}{2R_0} \right) \qquad (6\text{-}10)$$

根据电路分析，一阶电路的过渡过程是指数的。在工程中，一般认为过渡过程在误差小于 5%时结束。也就是说，从 3τ 到 5τ 的暂态衰减时间可视为瞬间结束的过程。本文以 5τ 为结束时间，因此模式 1 中的有效充电时间定义为

$$T_{eff} = 5\tau \qquad (6\text{-}11)$$

当 A 相上桥臂中所有的子模块的 T_2 在 t_2 处断开时，可以确定

$$i_{a1}(t_2) = I_{a2} \qquad (6\text{-}12)$$

那么，桥臂电压可由下式给出

$$u_{ap} - \sum_1^N u_{sm} = L_m \frac{di_{ap}}{dt} + R_0 i_{ap} \qquad (6\text{-}13)$$

模式 2 中的充电电路是二阶电路。假设模式 2 初始时刻线电压的相位角为 φ_{uab2}，则可得到充电电流的解析式为

$$i_{a2}(t) = Y_1 e^{-r_1(t-t_2)} + Y_2 e^{-r_2(t-t_2)} + Y_3 e^{-r_3(t-t_2)} + Y_4 e^{-r_4(t-t_2)} \qquad (6\text{-}14)$$

其中

$$\begin{cases} r_{1,2} = \frac{1}{2}\left(-\frac{R_0}{L_m} \pm \sqrt{\left(\frac{R_0}{L_m}\right)^2 - \frac{4}{L_m C}} \right) \\ r_{3,4} = \pm j\omega \end{cases} \qquad (6\text{-}15)$$

$$Y_1 = \frac{\sqrt{2} r_1 U_L \left[r_1 \cos(\varphi_{uab2}) - \omega \sin(\varphi_{uab2}) \right]}{L_m (r_1 - r_2)(r_1^2 + \omega^2)} + \frac{r_1 I_{a2} L_m - \sum_1^N u_{Ci}(t_2)}{(r_1 - r_2) L_m} \qquad (6\text{-}16)$$

$$Y_2 = -\frac{\sqrt{2} r_2 U_L \left[r_2 \cos(\varphi_{uab2}) - \omega \sin(\varphi_{uab2}) \right]}{L_m (r_1 - r_2)(r_1^2 + \omega^2)} - \frac{r_2 I_{a2} L_m - \sum_{i=1}^N u_{Ci}(t_2)}{(r_1 - r_2) L_m} \qquad (6\text{-}17)$$

$$Y_3 = \frac{\sqrt{2}U_{\mathrm{L}}\left[r_3 \cos(\varphi_{\mathrm{uab2}}) - \omega \sin(\varphi_{\mathrm{uab2}})\right]}{2L_{\mathrm{m}}(r_3 - r_1)(r_3 - r_2)} \tag{6-18}$$

$$Y_4 = \frac{\sqrt{2}U_{\mathrm{L}}\left[r_4 \cos(\varphi_{\mathrm{uab2}}) - \omega \sin(\varphi_{\mathrm{uab2}})\right]}{2L_{\mathrm{m}}(r_4 - r_1)(r_4 - r_2)} \tag{6-19}$$

在充电过程中,利用桥臂电感中的感生电压将电能从交流电网传输到电容器上,从而得到电容器电压的变化为

$$\Delta u_{\mathrm{cap}} = \int_{t_2}^{t_1 + T_c} C_{\mathrm{SM}} i_2(t)\mathrm{d}t \tag{6-20}$$

其中,T_c 为载波周期。模式 2 在每个切换周期的初始电流可以表示为 $I_{\mathrm{a2}}(k)$。由于模式 1 充电电路的电流波形不随充电过程的变化而变化,故电网周期内 I_{a2} 的平均值可以认为不变。

$$\langle I_{\mathrm{a2}} \rangle = \frac{1}{N}\sum_{k=1}^{N} I_{\mathrm{a2}}(k) \tag{6-21}$$

$$N = \frac{f_{\mathrm{ac}}}{f_{\mathrm{c}}} \tag{6-22}$$

其中,f_{ac} 为电网频率,f_{c} 为载波频率。

由式(6-20)、式(6-21)可知,电容器电压上升速率的平均值几乎为常数。因此,该充电方法可以达到近似线性的速度对换流器的所有子模块进行充电,具有快速充电的能力。利用表 6-1 所列的系统参数,可以得到包含计算波形和仿真波形,如图 6-7 可控充电暂态波形所示。

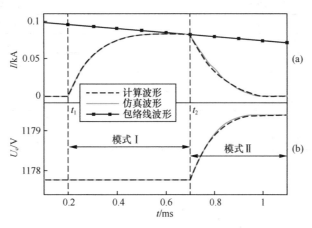

图 6-7 可控充电暂态波形

其中,外部包络线波形为限流电阻所限制的最大充电电流,可表示为

$$i_{\mathrm{ch\_max}} = i_{\mathrm{ch\_max}} \cos(\omega t - \varphi_{\mathrm{z1}}) \tag{6-23}$$

在计算模式 2 的暂态过程波形时,忽略了截止电压、IGBT 的内阻等电力电子器件的内部参数,造成误差为 1.42%。这里的计算波形只是为了分析影响预充电控制的因素,所以

该误差可以忽略不计。从以上分析和图 6-7 可以看出，电容器的充电速度与硬件参数和控制参数有关。由于 MMC 主电路参数的设计取决于其稳态工作特性等实际因素。为了不影响其正常运行，充电过程的参数设计不应改变其主电路参数。因此，剩余可调节的参数是控制器中的载波频率和占空比。

MMC 仿真参数如表 6-1 所示，通过仿真验证了第 2 阶段电容充电时间与载波频率和占空比之间的关系，如图 6-8 可控充电阶段调制比、载波频率对电容充电时间的影响所示。可以看出，在占空比一定时，当载波频率增加时，充电速度会相应增加。但当载波频率高于 1000Hz 时，提高频率对提高充电速度的作用明显减弱。在充分考虑电力电子设备的电气参数、充电效率和安全冗余的基础上，选择 800Hz 作为载波频率比较合适。从另一个角度去看，在相同的载波频率下，过大或过小的占空比都会抑制充电效率。这是因为当占空比过小时，模式 1 的时间相对较短，电感获得的能量较少，每单位开关周期转换成电容器的能量相应减少。而当占空比过大时，模式 2 的时间相对较短。虽然电感获得了大量的能量，但没有足够的时间将其传递到电容中，所以电容电压的上升速度也会下降。本章第 4 节中的模拟波形也显示了这种趋势。由于模式 1 为一阶电路，其自由分量的衰减时间是固定的。根据式（6-11），当载波频率为 800Hz 时，其占空比可计算为

$$d = T_{\text{eff}} f_{\text{c}} = 0.384 \approx 0.4 \tag{6-24}$$

表 6-1   MMC 仿真参数

参数名称	参数符号、整定值及单位
额定容量	$S_{\text{rated}} = 100\text{MW}$
交流线电压有效值	$U_{\text{ac}} = 166\text{kV}$
直流母线线电压	$U_{\text{dc}} = \pm160\text{kV}$
交流电网频率	$f_{\text{ac}} = 50\text{Hz}$
桥臂子模块数	$N = 200$
子模块电容额定电压	$U_{\text{c}} = 1.6\text{kV}$
子模块电容值	$C = 2.5\text{mF}$
桥臂电感值	$L_{\text{m}} = 180\text{mH}$
限流电阻值	$R_0 = 1.1\text{k}\Omega$

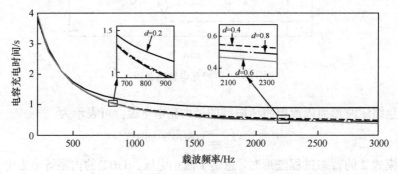

图 6-8   可控充电阶段调制比、载波频率对电容充电时间的影响

　　在上述分析中，还可以发现 φ 也可能是影响充电速度的另一个因素，但是由于载波频率一般远大于电网频率，因此影响较小。图 6-9 为可控充电阶段调制比、载波频率对电容充电时间的影响图，显示了在 $d=0.4$，$f_c=800Hz$ 时不同载波初始相位的可控充电时间，可以看出可控充电时间波动很小，最大偏差不超过 0.6%。从工程的角度来看，这个偏差可以忽略不计。

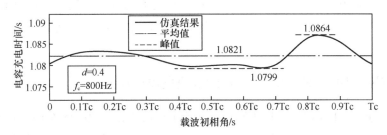

图 6-9　可控充电阶段调制比、载波频率对电容充电时间的影响

　　由于 MMC 的拓扑结构和电网三相电压的对称关系（三相电压的时间对称性），MMC 其他桥臂的预充电控制方法类似，只是时间上相互滞后，所以换流器的充电过程是按照电网电压逐相充电的。同相上下桥臂的充电电流是相反的，所以它们的充电过程也是对称的。

　　以 A 相电容器为例，当 A 相为三相电网中的最小电压时，A 相上桥臂电压为正，由桥臂电感组成的升压电路对这些电容充电。当 A 相为最大电压时，A 相的上桥臂电压为负，桥臂电流仅流经二极管，不流经电容器，因此电容器电压保持不变。下桥臂充电过程与上桥臂相同，但充电时间恰好相反。在一个电网周期后，换流器六个桥臂的电容都得到相同的预充电时间，因此它们在一个周期内的电压变化几乎相同。而对于同一桥臂中的所有子模块，在实际工程中不存在理想的同时模式切换，但当时间误差在允许范围内时，可以忽略模式切换的影响。根据 IGBT 固有的开关延迟和驱动信号延迟，每个子模块之间的最大延迟时间可以认为不超过 5μs，而 800Hz 对应载波周期为 1.25ms。因此，在实际工程中可以假定子模块的模式切换延迟不会影响预充电过程。为了承受短路故障，通常我们规定桥臂电感电压和绝缘水平，这意味着串联的桥臂电感应该能够承受额定的直流电压或交流线电压。在实际工程中，考虑裕量需求，一般将交流电网的线电压作为电感的额定电压。因此，这种充电方式对电感本身没有任何伤害，在仿真中也验证了这点。为了进一步减少桥臂电感上的电压突变，可以在触发单元中依次添加小的延迟信号来驱动不同子模块的 T_2，这种方案在第四节的仿真结果中得到了验证。

　　另一方面，在实际工程中考虑到三相电压的幅值和子模块电容的差异，各单元的充电速度不会完全一致，因此需要检查充电单元是否完成充电。而当同一桥臂的 M 个子模块完成充电时，M 个子模块便一直保持在模式 1，而其他子模块仍可以在模式 2 进行充电。当整个桥臂完成充电时，桥臂中所有子模块将处于闭锁模式。而反并联二极管可以继续为其他相的桥臂提供充电电流，因此在可控充电过程中各桥臂不会相互影响。整个过程中，在控制器中始终对电容电压进行实时检测，确保电容电压在规定范围内，避免损坏电器元件。

由于换流器拓扑结构和电网电压的对称性，充电电流自然会改变方向，因此不需要考虑电网电压的相位。换言之，不需要锁相环。而由于过程中没有放电回路（整个预充电过程中始终关断 VT1），控制器不需要单独设计死区时间，这提高了换流器在充电过程中的安全性。因此，与传统的预充电控制策略相比，本章提出的充电策略极大地简化了控制器设计。

6.3.3 应用于不同子模块拓扑的 MMC 预充电控制方法

本节提出的预充电策略也适用于其他常见的子模块拓扑，包括图 6-1 中的一些拓扑。其他子模块的预充电控制与半桥子模块类似，一些 IGBT 被阻断以防止电容器放电，而另一些 IGBT 周期性地开关，使换流器的桥臂形成升压电路，仍然使用桥臂电感器的泵浦效应继续对电容器充电。它们的预充电控制方式与半桥型子模块的不同之处在于需要开通部分 IGBT 来实现电容旁路。在分析过程中，仍假设 B 相电压为最大值，分析 A 相桥臂电容的预充电过程。

由于文章篇幅有限，以图 6-10 AB 相间钳位双子模块充电电路拓扑图为例。在图 6-10 中，可以通过两个电容串联充电来实现预充电，这样，换流器中的所有电容器可以同时充电。在图 6-10 所示的预充电状态下，B 相上桥臂的电流为负，该桥臂中的所有电容都需要旁路，但是不能仅通过反并联二极管来旁路电容。因此，串联通路中的 VT5 应始终开启，以在该桥臂中形成感应充电电路。而可以形成放电路径的开关 VT1 和 VT4 始终处于关闭状态。在 A 相上桥臂的子模块中，当 VT2 和 VT3 导通时，两个电容被旁路，电路中的电流迅速增加，桥臂电感储存能量。

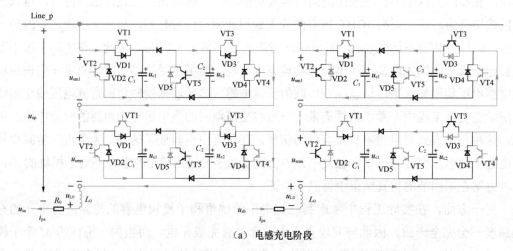

（a）电感充电阶段

图 6-10 AB 相间钳位双子模块充电电路拓扑图（一）

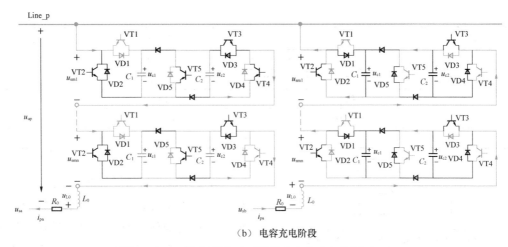

（b）电容充电阶段

图 6-10 AB 相间钳位双子模块充电电路拓扑图（二）

当 VT2 和 VT3 关断时，钳位双子模块的两个电容串联在电路中，电感将能量传递给电容，电容电压逐渐升高。触发信号可以加到换流器中所有钳位双子模块的 VT2 和 VT3 的栅极上。当电容 C_1 先完成充电时，VT2 保持在模式 1。反之，当电容 C_2 完成充电时，VT3 保持在模式 1。当整个桥臂充电完成后，桥臂会进入闭锁状态，这样就可以实现钳位双型 MMC 的快速启动。与钳位双子模块的预充电过程类似，大多数其他拓扑也可以通过控制来启动换流器。

通过表 6-2 所示的不同子模块的控制方法，不同的子模块拓扑可以形成相似的等效充电电路，AB 相间子模块等效充电电路拓扑如图 6-11 所示。不同子模块拓扑的控制参数也可以通过与上述类似的分析方法来进行选择。

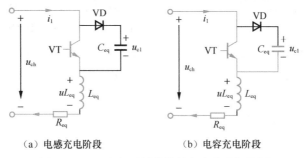

（a）电感充电阶段　　（b）电容充电阶段

图 6-11 AB 相间子模块等效充电电路拓扑图

表 6-2　　　　　　　　　　　　　不同子模块的控制方法

子模块类型	常开	常闭	模式 1 触发	模式 2 触发
HBSM	—	VT1	VT2	—
FBSM	VT4	VT1 VT3	VT2	—
FCSM	VT4	VT1 VT2	VT3 VT4	—
NPCSM	—	VT1 VT2	VT3 VT4	—

续表

子模块类型	常开	常闭	模式 1 触发	模式 2 触发
TMSM	—	VT1 VT3 VT4	VT2	—
CDSM	VT5	VT1 VT4	VT2 VT3	—
HDSM	VT5	VT1 VT4	VT2 VT3	—
CCSM	VT5, VT6	VT1 VT4	VT2 VT3	—
CCDSM	VT5	VT1 VT4 VT6	VT2 VT3	—

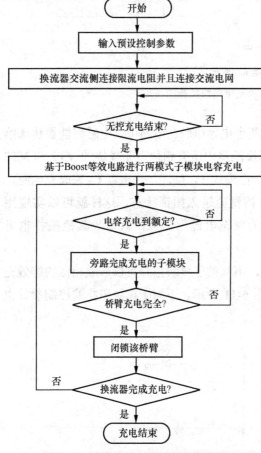

图 6-12 预充电控制策略的控制框图

基于 Boost 启动过程的详细操作如下：闭合换流器交流侧限流电阻后连接交流电网，保持直流侧断路器断开，等待换流器交流侧无控充电的完成。当无控充电进入尾声换流器进入可控预充电阶段。通过常开或常闭一些指定 IGBT，使得子模块电路能够简化为如图 6-11 所示的充电等效电路，周期性开关其余 IGBT，让换流器在电感充电和电容充电这两个模式中切换，快速地将电网中的能量转移至子模块电容中，完成预充电过程。当桥臂中的部分子模块电容电压达到额定，旁路这部分子模块；当某个桥臂完成了充电，则该桥臂进入闭锁状态，同时不影响其他桥臂单元的充电过程；最终六个桥臂均完成了预充电过程，换流器进入闭锁状态。此时连接直流电网，旁路交流侧限流电阻，控制换流器进入稳态运行。预充电控制策略的控制框图如图 6-12 所示。

6.4 仿真验证

6.4.1 不同类型子模块的预充电仿真

使用 MATLAB/Simulink 进行了仿真研究，来验证所提出的预充电控制策略。以半桥子模块和钳位双子模块为例，采用取表 6-1 中的仿真参数。安全系数 k_1 设为 3，最大充电电流 $I_{\text{ch\_max}}$ 约为 0.12kA，选择限流电阻为 1.1kΩ。将不同组的触发延迟时间设置为 5us，电容误差取 10%。图 6-13 展示了 d=0.4 和 f_c = 800Hz 的半桥子模块预充电的仿真波形。A 相上桥臂 10 个电容电压波形和换流器 6 个桥臂电容的平均电压波形分别如图 6-13（a）和图 6-13（d）所示。为了便于说明，选取 A 相上桥臂的 10 个电容电压波形，包括电容值误差最大的电压波形，其余变化规律相同的电容电压波形均位于这两条包络线中间。可控预充电从 1.5s 开始，此时子模块电容器的平均电压为 U_{c_stage1}=1.17kV。由于电容误差的存在，使得 A 相上臂的子模块电容的电压不同，但所有子模块在可控预充电阶段内同时充电，因此它们的充电波形类似，这点可以从不同的电容器充电波形并行上升看出。

半桥子模块 Boost 型预充电仿真波形如图 6-13 所示。从图 6-13（a）中的放大图也可以看出，子模块电容充电到额定值 U_{c_stage2}=1.6kV 后停止充电，电容电压值保持稳定。由于 MMC 的对称结构以及子模块中的反并联二极管，六桥臂子模块电容器的充电过程相似但相互独立。而在图 6-13（b）和图 6-13（c）中，分别展示了换流器的三相电流和 A 相上桥臂的电流。由于限流电阻器的不同，阶段 2 中 A 相的最大充电电流约为 0.12kA。从放大图可以看出，三相充电电流保持稳定且相对对称。在可控充电将要结束时，对 A 相下桥臂子模块充电，A 相电流仅由上桥臂充电电流组成。此时，桥臂电流波形幅度增大，与相电流一致。因此，在整个可控充电过程中，充电电流始终低于 I_{ch_max}，充电过程稳定性好，不会过流。从图 6-13（d）中的放大图可以看出，即使各桥臂的充电速度略有不同，但不会影响最终的充电完成。

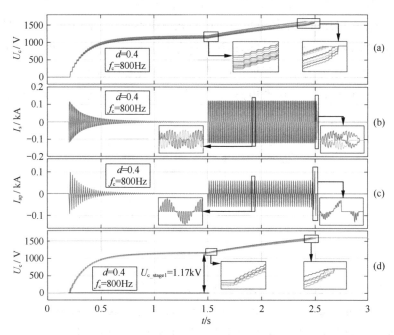

图 6-13 半桥子模块 Boost 型预充电仿真波形图

经过一段近似线性的充电过程后，换流器中所有子模块电容的电压都接近于额定值。

由于电容器电压几乎呈线性变化，因此其充电速度比传统方法的指数衰减波形要快。传统方法提出的充电方法的仿真结果如图 6-14 所示。

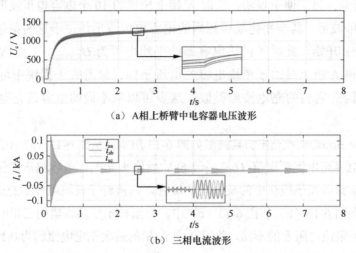

（a）A相上桥臂中电容器电压波形

（b）三相电流波形

图 6-14　传统方法提出的充电方法的仿真结果

图 6-15 显示了桥臂电感器电压的波形。从图中可以看出，在换流器在 0.2s 接入交流电网的瞬间，电感上就会产生一个冲击电压，这是不可避免的。因为此时回路中没有电流，所以限流电阻的电压几乎为零，而所有的子模块电容电压也几乎为零，所以只有桥臂电感承受这个交流电压。一般考虑到短路故障，桥臂电感的额定电压和绝缘等级都设计成能承受额定线电压，所以在启动过程中桥臂电感上的瞬态电压不应超过额定电压。从图 6-15 可以看出，桥臂电感上的电压始终低于交流线电压，符合安全电压。此外，如图 6-15 右侧放大图所示，由于子模块触发信号的轻微延迟，电感电压呈斜坡上升趋势，这大大降低了桥臂电感上的电压变化率。此外，由于桥臂电感通常放置在远离控制电路和驱动电路的位置，与长时间额定工作相比，充电过程非常短，因此可以忽略启动过程中的电磁干扰（EMI）问题。

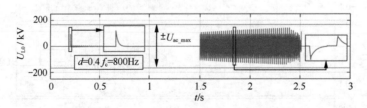

图 6-15　桥臂电感器电压的波形

图 6-16 为钳位双子模块仿真结果，显示了钳位双子模块在 $d=0.4$ 和 $f_c=800$Hz 时的预充电结果。图 6-16 的（a）、（b）、（c）、（d）分别表示换流器六桥臂电容器的平均电压、同一子模块中两个电容器的电压、A 相上桥臂电流和换流器三相电流。阶段 2 的预充电从 $t=1.5$s 开始，子模块电容的平均电压为 $U_{c\_stage1}=782$V。同理，考虑到电容值产生的误差，不同电容的充电电压上升波形并不完全一致，在图 6-17（a）和图 6-17（b）中体现。通过所

提出的控制方法，所有电容器都可以在不超过额定电压的情况下充电。由于硬件参数和控制参数与半桥子模块相同，三相充电电流最大值相差不大，电流幅值约为 0.12kA。钳位双子模块中的 U_{c_stage1} 约为半桥子模块中的三分之二，因此钳位双子模块的充电时间稍长。但这并不影响充电过程的稳定性。钳位双子模块电容的电压值近似线性上升，最大充电电流保持不变，各种波形的趋势与半桥子模块波形基本一致，这表明所提出的充电控制策略对不同的子模块拓扑具有很好的适用性。

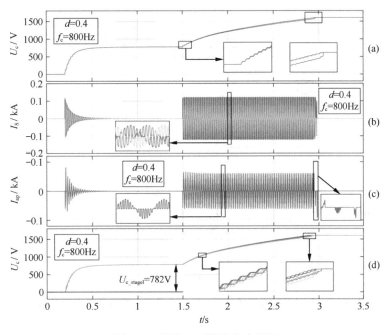

图 6-16　钳位双子模块仿真结果

6.4.2　不同控制参数下半桥型子模块预充电仿真

根据上述分析，控制参数的变化会影响充电速度。因此，通过 MATLAB/Simulink 对具有不同控制参数的 MMC 进行了仿真研究。仿真仍然使用表 6-1 中的硬件参数。由图 6-8 中的曲线可以看出，在载波频率固定的情况下，占空比只有在两个极值时才会对充电过程产生很大的影响。图 6-17 不同占空比和固定载波频率下半桥子模块预充的仿真结果，表明了在载波频率为 f_c = 800Hz 时不同占空比的半桥子模块的预充电过程。对比图 6-17 中的各种波形不难发现，在载波频率固定的情况下，占空比过大或过小都会降低可控充电速度；而当占空比设为中间值时，其变化对充电速度影响不大，这与前面的分析相对应。

图 6-18 为固定占空比和不同载波频率下半桥子模块预充电的仿真结果，显示了半桥子模块在占空比为常数 d = 0.4 时，不同载波频率下的预充电过程。通过比较图 6-18 中的三个波形可以看出，当占空比一定时，载波频率的降低会降低电容器的充电速度。从图 6-18 的放大图中找其原因，我们知道，载波频率的降低使得每个电网周期的升压电路触发次数减

少，因此电容器电压的上升幅度减小，最终导致充电速度下降。由图 6-8 可知，在一定范围内，提高载波频率可以提高预充电速度。但随着频率的增加，充电速度的增加逐渐减小，而较高的载波频率也会给电力电子设备带来负担。因此，载波频率的选择需要参考电力电子器件的最高开关频率，而 IGBT 的最高开关频率通常可以达到几千赫兹，因此本文选择的 800Hz 是安全合理的。

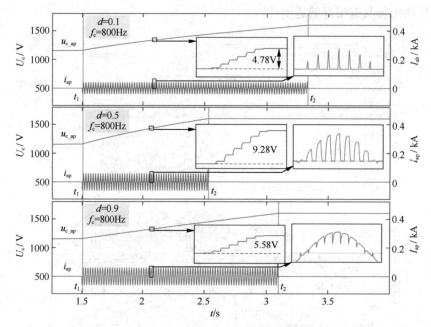

图 6-17 不同占空比和固定载波频率下半桥子模块预充的仿真结果

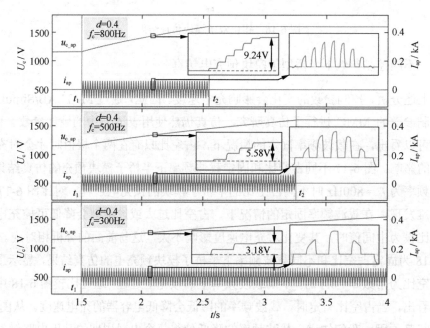

图 6-18 固定占空比和不同载波频率下半桥子模块预充电的仿真结果

　　本章提出了一种简洁且新颖的 MMC 预充电控制策略。该方法利用交流电网电压的对称性和 MMC 的结构特点，通过特定的开关操作在桥臂间形成升压电路。所提策略无须复杂的控制器、电容器电压排序平衡算法和辅助充电设备，即可对电容器进行充电。在描述所提出的控制策略的时，将充电过程分为两个子模式，并得到了交流侧预充电的升压等效电路图。随后对所提策略进行理论分析，推导出了该控制策略的近线性充电能力，从而提高 MMC 的充电速度。将该方法的思想应用于其他子模块拓扑，也可得到类似的快速充电效果，在此基础上总结了不同子模块的控制方法。基于公式推导和仿真波形，分析了控制参数对所提出的预充电策略的影响，并确定了合适的升压等效充电电路控制参数。通过仿真和实验验证了所提出的预充电控制策略的有效性，分析了控制参数对充电过程的影响。

第 7 章

基于模块化多电平拓扑的风力发电能量变换系统

风能作为增长最快的可再生能源之一，正逐渐成为与传统能源竞争的主流能源。风能装机容量也从 1996 年的 6100MW 增加到 2015 年的 432 883MW。风能需求的持续增长促进了大型风力涡轮机的发展，与小型涡轮机相比，大型涡轮机可以在较低的安装和维护成本下捕获更多风能。商用风力涡轮机的尺寸和容量自 21 世纪以来呈指数级增长，目前已达到 20MW 的水平。

在多兆瓦级风能转换系统（Wind Energy Conversion System，WECS）中，具有全尺寸功率转换器的永磁同步发电机（Permanent Magnet Synchronous Generator，PMSG）因其高功率密度、无须励磁和高效率等显著特点而被广泛应用。然而，随着风力涡轮机的额定功率的提升，系统会产生更大的电流，因此传统换流器需要串、并联来处理不断增加的电流，但并联变换器存在环流等问题，同时大电流的传输会增加损耗和成本。采用 3～33kV 的中压功率变流技术为解决大容量大型风电转换问题提供了一个可行途径。

然而，该领域中大多数研究涉及高压直流系统中使用的 MMC，未考虑 PMSG 的特性。本章提出了一种基于永磁直驱风电变流器的 MMC 的稳态分析方法。该方法建立在所提出的 d-q 坐标系数学模型的基础上，综合考虑了 MMC 和 PMSG 之间的电气量耦合关系。在此基础上，对 MMC 型永磁直驱风电变流器子模块电容运行优化方法进行了研究。该方法通过向 MMC 中注入循环电流的二次谐波分量来抑制子模块电容电压纹波，从而可以在最高概率风速的条件下选择和设计 MMC 的子模块电容。本章分析了循环电流二次谐波分量注入对 MMC 子模块电容电压纹波的影响，发现注入环流的二倍频分量可以抑制子模块电容电压纹波；分析了环流注入幅值和相角的影响，发现在不同风速下，每个注入循环电流的幅值都有对应的最佳相角，当在最佳相角下注入循环电流的二次谐波分量时，可以最大化抑制子模块电容电压纹波；针对 MMC 型永磁直驱风电变流器，提出了一种恒电容电压纹波控制方法，该方法能显著降低子模块电容电压纹波，并且可以使子模块电容电压纹波维持在任意值。最后通过仿真验证了所提方法的有效性。

7.1 风力发电能量变换系统概述

以电压源型变流器（VSC）为基础的高压直流输电系统被认为是解决新能源并网问题的关键，并且在海上直流输电领域也有广阔的应用前景。在海上风电发展早期，两电平和三电平换流器得到了广泛的应用。相较于模块化多电平换流器，两电平和三电平换流器主电路结构简单、控制方法容易实现。随着风容量的不断增加，为了降低电流水平和损耗，以及提高系统功率密度，中压功率转换系统将更适合大型风力发电转换，考虑到高维护成本和容错要求，MMC 的拓扑结构更加适用于中压风电变换系统。

在控制方面，多端柔性直流输电系统的控制层级可以分为三层：系统级控制、换流站级控制和变流器阀级控制。站级控制主要指各换流站的有功类和无功类控制目标。对于并网 MMC，有功类控制目标包含有功功率和直流电压控制；无功类控制目标为无功功率控制。并网 MMC 的阀级控制包含环流抑制、子模块电容电压平衡控制及各模块的调制过程。

风力发电能量变换系统中 MMC 站级的经典控制策略通常与传统两电平 VSC-HVDC 相同，采用内外环线性控制器级联的结构。外环通常为有功功率（或直流电压）和无功功率控制环，采用比例积分（Proportional Integral，PI）控制器。内环为电流控制环，主要有两种控制类型，即同步旋转坐标系（$d\text{-}q$ 坐标系）下的 PI 控制器和三相静止坐标系下的比例谐振（Proportional Resonance，PR）控制器。同步旋转坐标系（$d\text{-}q$ 坐标系）下的 PI 控制器即在三相同步旋转坐标系下建立 MMC 的数学模型，将电压矢量定向策略应用于并网 MMC，实现了有功和无功功率的解耦控制。该方法首先将三相交流电压和电流转换到同步旋转 $d\text{-}q$ 坐标系下的直流量，利用 PI 控制器即可实现对 d 轴和 q 轴各直流分量的无差控制。而使用比例谐振 PR 控制器则可以无差跟踪交流电流参考信号，避免了坐标变换和反变换过程，简化了控制结构和计算。这种线性控制器内外环级联的结构会减小控制器的控制带宽，降低控制系统的动态响应。此外，控制系统的稳态性能、动态性和稳定性受控制器参数的影响较大。设计能够满足各性能都较优的控制器参数非常困难，且参数的设计还需考虑对系统稳定范围的影响。

风力发电能量变换系统中 MMC 变流器运行过程中上下桥臂之间存在电流通路，且在运行过程中三相各桥臂的子模块电容电压不断处于充放电的状态，不可避免地导致三相之间的电势差。为平衡三相间电压，MMC 三相内部通路间将产生以二倍基频成分为主的内部环流。该环流仅在三相之间流动，不影响交流输出电能质量。然而，内部环流的存在会增加开关损耗，降低系统效率，因此需要通过控制策略抑制内部环流。常用的环流控制器有旋转 $d\text{-}q$ 坐标系下的 PI 控制器，重复控制器和静止坐标系下的 PR 控制器。

风力发电能量变换系统中 MMC 常见的调制策略有基于载波的载波移相调制和载波调制，和基于阶梯波的最近电平调制技术。载波移相调制（Carrier Phase Shift Pulse-Width-Modulation，CPS-PWM）策略就是通过将每桥臂各子模块的载波相移相同的角度，实现同一桥臂各子模块在不同时刻进行投切，各子模块输出电压可组合成正弦变化的桥臂电压。载波层叠的调制方法是将各子模块的载波在幅值上均匀分布，以实现各子模块不同时刻的投切，进而组合形成正弦阶梯波。相比于载波层叠调制，载波移相调制子模块投切时间更均匀，因此子模块电容均压性能更好。最近电平调制（Nearest Level Modulation，NLM）

方法，是通过实时计算需投入运行的子模块数，结合电容电压排序算法实现子模块电容均压，并输出各模块的开关信号。NLM方法适用于子模块较多的场景，开关动作次数较低，损耗较低。

7.2 MMC型风力发电能量变换系统

7.2.1 拓扑结构与运行原理

本文所研究的MMC型永磁直驱风电变流器的基本架构见图7-1。图7-1显示了连接到基于PMSG的风能转换系统的MMC的典型结构。首先，风能通过叶片转化为机械能，然后，通过PMSG将机械能转化为电能。最后，MMC将交流电整流为直流电，并将电能从PMSG传输到直流母线。

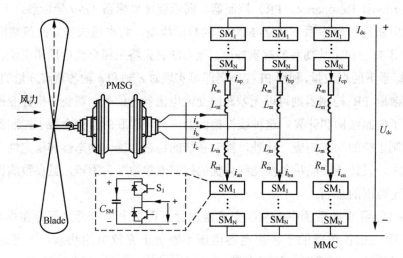

图 7-1 MMC型永磁直驱风电变流器的基本架构

在风能转换过程中，PMSG与MMC之间存在较强的耦合关系。风力决定了输入机械功率，进而影响机械转矩和转子转速。转子转速会影响PMSG的输出电压，而输出电压又决定相电流。相电流是MMC桥臂电流的一部分，它会影响子模块电容电流和电压。而电容电压又对子模块的输出电压起决定作用，并且会通过影响MMC的电动势来影响相电流。最后，相电流反过来又会决定电磁转矩，而电磁转矩又会影响到转子的转速。

由于这种强耦合关系，使得MMC型永磁直驱风电变流器的分析变得复杂。因此，本书首先描述了MMC型永磁直驱风电变流器的基本架构，然后分析了其基本运行方式，这部分内容是本章对MMC型永磁直驱风电变流器运行优化研究的基础，也有助于进一步理解MMC和PMSG之间电气量的耦合关系。

下面简要介绍风力发电机的基本原理。

风力机组的主要部件包括风力机、传动轴系、发电机和换流器等。风力机由叶片和轮毂组成，是机组中最重要的部件，对风电机组的性能和成本有重要影响。目前风力机多数是上风式的，采用三叶片结构。叶片与轮毂的连接方式有两种，分别为固定式和可动式，叶片多由复合材料构成。传动轴系由风力发电机中的旋转部件组成，主要包括低轴速、齿轮箱和高速轴，以及支撑轴承、联轴器和机械制动器。齿轮箱有两种，分别为平行轴式和行星式，大型机组中多用行星式，有些机组无齿轮箱。

风力机的空气动力学模型为 Betz 定律，根据此定律，风力机从风中捕获的能量不可能超过风能的 59.3%。根据力学理论，质量为 m、运动速度为 V 的气流的动能为

$$E = \frac{1}{2} m V^2 \tag{7-1}$$

假设风轮正对气流的面积为 A_s，则单位时间内通过风轮的气体动能为

$$E_{air} = \frac{1}{2} (\rho A_s V) V^2 \tag{7-2}$$

式中，E_{air} 为单位时间内通过风轮的气体的动能，ρ 为空气密度，约为 1.225kg/m^3；A_s 为风轮扫过的面积，单位为 m^2。

而单位时间内通过风轮的气体的动能就是通过风轮的功率，即通过风轮的空气中的功率为

$$P_{air} = \frac{1}{2} \rho A_s V^3 \tag{7-3}$$

虽然式（7-3）给出了风中的功率，但是当这部分能量传递到风力机上时，会有一定程度的下降，其下降倍数就是功率系数 C_p，其表达式为

$$C_p = \frac{P_M}{P_{air}} \tag{7-4}$$

式中，P_M 为风力机的功率。

因此

$$P_M = C_p P_{air} = C_p \cdot \frac{1}{2} \rho A_s V^3 \tag{7-5}$$

C_p 的最大值是由 Betz 极限定义的，描述为风力机绝不可能从气流中捕获超过 59.3% 的功率。实际上，风力机 C_p 的最大值范围为 25%～45%。C_p 的大小与风轮叶片的设计紧密相关，对于已经安装完成的风力机，C_p 的大小与桨距角 β_{pit} 和叶尖速比 λ 相关，即 C_p 是 β_{pit} 和 λ 的函数。叶尖速比 λ 为叶片的叶尖圆周速度与风速之比，其表达式为

$$\lambda = \frac{2\pi R_{wind} n}{V} \tag{7-6}$$

式中，n 为风轮的转速，单位为 r/s；R_{wind} 为风轮半径，单位为 m；V 为气流运动速度，单位为 m/s。

不同类型的风力机具有不同的 C_p 曲线，尽管其形状基本类似。下面给出某典型风力机的 $C_p(\lambda, \beta_{pit})$ 数学表达式

$$C_p(\lambda, \beta_{pit}) = c_1\left(\frac{c_2}{\lambda_i} - c_3\beta - c_4\right)e^{-\frac{c_5}{\lambda_i}} + c_6\lambda \tag{7-7}$$

$$\frac{1}{\lambda_i} = \frac{1}{\lambda + 0.08\beta} - \frac{0.035}{\beta_{pit}^3 + 1} \tag{7-8}$$

式中，c_1=0.5176，c_2=116，c_3=0.4，c_4=5，c_5=21，c_6=0.0068。

从式（7-7）和式（7-8）可以看出，对于不同的 β_{pit} 角，最优叶尖速比是不同的；对于确定的 β_{pit} 角，最优叶尖速比只有一个值。

7.2.2 运行控制策略

最大功率点追踪（Maximum Power Point Tracking，MPPT）控制方法最早应用于光伏控制领域，并且目前应用已经较为成熟。后来有学者研究发现，MPPT 控制同样适用于风力发电领域。与光伏系统的 MPPT 控制方案不同，风力发电 MPPT 控制需要通过调整相关参数，使得系统在不同风速下始终可以在风能利用系数的最大值点运行，以此来最大限度

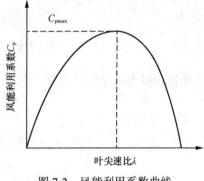

图 7-2　风能利用系数曲线

地捕获风能。风能利用系数是用叶尖速比 λ 来衡量风机对风能捕获能力的参数。在定桨距情况下，λ 决定着风能利用系数的大小。图 7-2 是风能利用系数曲线，对于特定的风力机，有唯一的叶尖速比对应最大风能利用系数。当实际运行风速保持不变时，风机的叶尖速比保持在一个稳定的值附近，此时在相应控制方法下，风机可以运行在最大风能利用系数下。而当实际运行风速发生改变时当风速变化时，λ 也会发生变化，风机捕获风能的能力减弱，需要加入 MPPT 控制。

目前关于风力发电 MPPT 的控制较多，许多专家学者也提出了不同的控制方案，这些控制方案大体上可以分为三类，分别是直接控制、间接控制以及组合控制。

叶尖速比控制是最典型的间接控制类方法。叶尖速比控制算法需要通过一定的方法预先确定该风力发电系统的最佳叶尖速比，然后根据风力发电系统的实际运行工况来计算当前状态下的叶尖速比并与最佳叶尖速比进行比较。若两者偏离过大，则需要对当前控制方案进行调整，使得当前的叶尖速比向最佳叶尖速比靠拢。该控制方案需要测量风力发电系统的实际运行工况去计算当前状态下的叶尖速比，并与最佳叶尖速比进行比较，然后将差值提供给控制器，控制器会根据差值来改变发电机的运行工况来使当前状态下的叶尖速比靠近最佳叶尖速比。叶尖速比控制的优点是操作简单，不需要复杂的控制算法，但是该方法需要测量风力发电系统的运行风速，这就会带来一定的误差。第二，由于大型风力发电系统具有惯性，这也将会直接或者间接导致该控制方案的准确性和有效性。第三，尽管每

个风力发电机都具有各自的最佳叶尖速比，但随着使用年限的增加和风力发电机的老化，该最佳叶尖速比也会发生改变，这也会带来控制方案的差异性。

综上所述，叶尖速比法需要考虑多种因素，但是由于实际运行工况以及风力机本身状态的原因，该方法存在一定的误差，所以在实际应用中常常将叶尖速比法得到的结果作为参考值。

为了提高控制的准确性，在考虑间接控制存在诸多问题的基础上。部分学者提出了直接控制方案。例如最优关系法、增量电导法以及扰动观察法。直接控制方法是通过获得系统的运行曲线去定位风力发电运行的 MPPT 点。

增量电导法是根据换流器的功率变化趋势来确定跟踪和扰动方向，最终达到最大功率点。扰动观察法（Perturbation and Observation，P&O）即爬坡法，因其操作简便，不需要像叶尖速比法那样需要已知系统的运行参数，而且误差小，准确度高，得到了广泛的应用。

对于 MMC 的控制系统常可分为三个层次：系统级控制、换流站控制以及阀级控制。

1. 系统级控制

系统级控制是整个直流系统的最顶层控制，其作用是在接受电网电力系统调度中心的指令之后，来对系统进行启停以及控制，包括进行控制模式选择与计算指令值等。系统级控制接收电力系统调度中心的有功类与无功类整定值，计算得到各换流站级控制的有功类与无功类指令值，其主要作用在于计算得到的换流站级控制参考值能够维持交直流混合系统的功率平衡和电压稳定，保证系统的持续稳定运行。有功类控制包含直流电压控制、有功功率控制、频率和直流电流控制等；无功类控制包括无功功率控制和交流电压控制。

2. 站级控制

换流站级控制属于换流站级控制保护系统，主要作用是有功功率与无功功率的快速控制、运行方式的切换、设备的投切控制等。换流站级控制接收系统级控制的有功类与无功类指令值，并计算得到 PWM 的调制比和移相角，给阀级控制的脉冲触发控制提供参考值。换流站级控制的主要控制方式包括间接电流控制、矢量控制和智能控制等。矢量控制由于控制结构简单、响应速度快，尤其重要的是容易实现电流限制器的设计，成为目前换流站级控制的主流控制方式，被广泛应用于柔性直流输电工程中。换流站级控制很大程度上决定了柔性直流输电系统的动态响应特性，是控制系统的关键。

3. 阀级控制

阀级控制的主要作用是根据 PWM 原则产生相应的触发脉冲，并实时监控阀组状态。阀级控制接收换流站级控制计算得到的调制比和移相角，并通过相应的 PWM 方式产生触发脉冲，最终实现对开关器件的控制。常用的控制策略为空间矢量调制（Space Vector Modulation，SVM）、载波层叠调制（Level Shifted Carrier PWM，LSC-PWM）、载波移相调制（Phase Shifted Carrier Pulse Width Modulation，PSC-PWM）、特定谐波消去调制（Selective

Harmonic Elimination Modulation，SHEM）、最近电平逼近调制（Nearest Level Modulation，NLM）。

7.2.3 数学模型构建方法

构建 MMC 型永磁直驱风电变流器数学模型可用于评估不同参数对 MMC 性能的影响。然而，对于连接到 PMSG 的 MMC 的稳态分析，目前没有可用的参考。现有研究大多都是参考在高压直流或电机驱动器中使用的 MMC。与这些应用场景不同，连接到 PMSG 的 MMC 的风能转换系统是一个复杂的系统，MMC 和 PMSG 中的电量是相互耦合的。这意味着 MMC 和 PMSG 不能分开分析，在分析 MMC 时必须考虑 PMSG 的特性。此外，与 HVDC 中使用的 MMC 不同，PMSG 连接的 MMC 的输出电压根据运行条件（风速）的变化而变化。因此，为了为后续运行优化研究提供指导，本节构建了一种 MMC 型永磁直驱风电变流器的数学模型。

MMC 型永磁直驱风电变流器的拓扑结构在 7.2.1 节已经给出。连接到 PMSG 的 MMC 的频率随着 PMSG 转子的机械角速度的变化而变化，也受发电机中极对数的影响，可以表示为

$$\omega_{mmc} = \omega_r = p\omega_m \tag{7-9}$$

式中，ω_{mmc} 为 MMC 的角速度，ω_r 和 ω_m 为 PMSG 中转子的电气角速度和机械角速度；p 是发电机的极对数。

以 A 相为例，MMC 的交流侧电压和电流定义为

$$\begin{cases} u_a(t) = U_s \cos(\omega t + \gamma) \\ i_a(t) = I_{s,1\omega} \cos(\omega t + \beta_1) \end{cases} \tag{7-10}$$

式中，U_s 和 γ 为输出电压的幅值和相角；I_s 和 β_1 是相电流的幅值和基波相角。

d-q 坐标系中下的直流侧相电流与电磁转矩的关系为

$$T_e(t) = \frac{3}{2} p \left[\lambda_m i_q(t) - [L_d - L_q] i_d(t) i_q(t) \right] \tag{7-11}$$

通常将 d 轴电流控制为零，以消除电磁转矩中 d 轴电流和 q 轴电流之间的耦合。因此，相电流的计算公式可表示为

$$\begin{cases} i_d = 0 \\ i_q = \dfrac{2T_e}{3 p \lambda_m} \end{cases} \tag{7-12}$$

机械功率和电磁转矩分别为

$$\begin{cases} p_m = \dfrac{1}{2} \rho A s v_{wind}^3 C_p(\lambda, \beta_{pit}) \\ T_e = \dfrac{P_m}{\omega_m} \end{cases} \tag{7-13}$$

式中，ρ 为空气质量密度；A_s 为风机叶片覆盖面积；v_{wind} 是风速；C_p 为性能系数，由桨距角 β_{pit} 和叶尖速比 λ 决定。

当风能转换系统在 MPPT 工况下工作时，应控制电磁转矩使 C_p 最大为

$$\begin{cases} T_e = T_m = K_{opt} v_{wind}^2 \\ K_{opt} = \dfrac{\rho\pi r_{wind}^3 C_{p.max}}{2\lambda_{opt}} \end{cases} \tag{7-14}$$

式中，r_{wind} 为叶片半径；λ_{opt} 为最佳叶尖速比，是一个恒定值。

因此，转子的转速可以表示为

$$\omega_m = \frac{P_m}{T_e} = \frac{P_m}{K_{opt} v_{wind}^2} \tag{7-15}$$

将式（7-14）代入式（7-12），可以得到 d-q 坐标系下的相电流：

$$\begin{cases} i_d = 0 \\ i_q = \dfrac{2K_{opt} v_{wind}^2}{3p\lambda_m} \end{cases} \tag{7-16}$$

考虑循环电流被完全抑制的情况下，MMC 的桥臂电流可以表示为

$$\begin{cases} i_{ap}(t) = -\dfrac{I_{dc}}{3} - \dfrac{i_a}{2} \\ i_{an}(t) = -\dfrac{I_{dc}}{3} + \dfrac{i_a}{2} \end{cases} \tag{7-17}$$

式（7-17）中，I_{dc} 可由子模块电容电流的直流分量推导得到，如式（7-18）所示：

$$I_{cap,0} = \left(i_{ap}(t) \cdot S_{ap}(t)\right)\big|_{dc} = 0 \tag{7-18}$$

调制信号 S_{ap} 可以由（7-19）得出：

$$\begin{cases} S_{ap} = A_0 - A_1 \cos(\omega t + \alpha_1) - A_2 \cos(2\omega t + \alpha_2) \\ S_{an} = A_0 + A_1 \cos(\omega t + \alpha_1) - A_2 \cos(2\omega t + \alpha_2) \end{cases} \tag{7-19}$$

式中，A_0 为调制信号中的直流分量；A_1、α_1 为调制信号中 1 倍频分量的幅值和相角；A_2 和 α_2 为调制信号中 2 倍频分量的幅值和相角。

将式（7-17）和式（7-19）代入式（7-18）可得：

$$-\frac{A_0 I_{dc}}{3} + \frac{1}{4} A_1 I_{s,1\omega} \cos(\alpha_1 - \beta_1) = 0 \tag{7-20}$$

因此，I_{dc} 可以通过式（7-21）求解得到：

$$I_{dc} = \frac{3A_1 I_{s,1\omega} \cos(\alpha_1 - \beta_1)}{4A_0} \tag{7-21}$$

以 MMC 的上桥臂为例，通过对电容电流进行积分，可以得到子模块电容电压的表达式：

$$U_{\mathrm{cap.ap}}(t)=U_{\mathrm{cap.0}}+\frac{1}{C_{\mathrm{SM}}}\int i_{\mathrm{ap}}(t)S_{\mathrm{ap}}\mathrm{d}t=U_{\mathrm{cap.0}}+u_{\mathrm{cap.1\omega}}(t)+u_{\mathrm{cap.2\omega}}(t)+u_{\mathrm{cap.3\omega}}(t) \tag{7-22}$$

其中，$U_{\mathrm{cap.0}}$ 为子模块电容电压中的直流分量；$u_{\mathrm{cap.1\omega}}$、$u_{\mathrm{cap.2\omega}}$、$u_{\mathrm{cap.3\omega}}$ 分别为各次谐波分量，其表达式如下所示：

$$\begin{cases} u_{\mathrm{cap.1\omega}}(t)=\dfrac{A_1 I_{\mathrm{dc}}}{3C_{\mathrm{SM}}\omega}\sin(\omega t+\alpha_1)+\dfrac{A_2 I_{\mathrm{s,1\omega}}}{4C_{\mathrm{SM}}\omega}\sin(\omega t+\alpha_2-\beta_1)-\dfrac{A_0 I_{\mathrm{s,1\omega}}}{2C_{\mathrm{SM}}\omega}\sin(\omega t+\beta_1) \\[3mm] u_{\mathrm{cap.2\omega}}(t)=\dfrac{A_2 I_{\mathrm{dc}}}{6C_{\mathrm{SM}}\omega}\sin(2\omega t+\alpha_2)+\dfrac{A_1 I_{\mathrm{s,1\omega}}}{8C_{\mathrm{SM}}\omega}\sin(2\omega t+\alpha_1+\beta_1) \\[3mm] u_{\mathrm{cap.3\omega}}(t)=\dfrac{A_2 I_{\mathrm{s,1\omega}}}{12C_{\mathrm{SM}}\omega}\sin(3\omega t+\alpha_2+\beta_1) \end{cases} \tag{7-23}$$

在式（7-22）中，调制信号 S_{ap} 为待求量，需要用以下方法求解。

根据基尔霍夫电压定律，可得上、下桥臂的电压关系：

$$\begin{cases} u_{\mathrm{ap}}(t)=\dfrac{U_{\mathrm{dc}}}{2}-L_{\mathrm{m}}\dfrac{\mathrm{d}i_{\mathrm{ap}}(t)}{\mathrm{d}t}-i_{\mathrm{ap}}(t)R_{\mathrm{m}}-u_{\mathrm{a}}(t) \\[3mm] u_{\mathrm{an}}(t)=\dfrac{U_{\mathrm{dc}}}{2}-L_{\mathrm{m}}\dfrac{\mathrm{d}i_{\mathrm{an}}(t)}{\mathrm{d}t}-i_{\mathrm{an}}(t)R_{\mathrm{m}}+u_{\mathrm{a}}(t) \end{cases} \tag{7-24}$$

其中，$u_{\mathrm{ap}}(t)$ 和 $u_{\mathrm{an}}(t)$ 可以用式（2-25）和式（2-26）表示。

以 MMC 上桥臂为例，结合式（7-10）、式（7-17）、式（7-24）、式（2-26）可得

$$U_{\mathrm{arm}}+\sum_{k=1,3,5\cdots}u_{\mathrm{arm},k\omega}(t)+\sum_{k=2,4,6\cdots}u_{\mathrm{arm},k\omega}(t)=\frac{U_{\mathrm{dc}}}{2}+\frac{I_{\mathrm{dc}}R_{\mathrm{m}}}{3}$$

$$-U_{\mathrm{s}}\cos(\gamma+\omega t)-\frac{1}{2}I_{\mathrm{s,1\omega}}L_{\mathrm{m}}\omega\sin(\beta_1+\omega t)+\frac{1}{2}I_{\mathrm{s,1\omega}}R_{\mathrm{m}}\cos(\beta_1+\omega t) \tag{7-25}$$

通常情况下，PMSG 的数学模型是建立在 d-q 坐标系下的，因此式（7-25）需要转换到 d-q 坐标系下：

$$U_{\mathrm{m,dc}}+\sum_{k=1,2,3\cdots}U_{\mathrm{m},k\omega}^{\mathrm{D}}\cos(k\omega t)+\sum_{k=1,2,3\cdots}U_{\mathrm{m},k\omega}^{\mathrm{Q}}\sin(k\omega t)=U_{\mathrm{DQ0}}$$

$$+\sum_{k=1,2,3\cdots}U_{\mathrm{Dk}}\cos(k\omega t)+\sum_{k=1,2,3\cdots}U_{\mathrm{Qk}}\sin(k\omega t) \tag{7-26}$$

式中

$$\begin{cases} U_{\mathrm{DQ0}}=\dfrac{U_{\mathrm{dc}}}{2}+\dfrac{I_{\mathrm{dc}}R_{\mathrm{m}}}{3} \\[3mm] U_{\mathrm{D1}}=\dfrac{1}{2}I_{\mathrm{s,1\omega}}R_{\mathrm{m}}\cos(\beta_1)-U_{\mathrm{s}}\cos(\gamma)-\dfrac{1}{2}I_{\mathrm{s,1\omega}}L_{\mathrm{m}}\omega\sin(\beta_1) \\[3mm] U_{\mathrm{Q1}}=-\dfrac{1}{2}I_{\mathrm{s,1\omega}}L_{\mathrm{m}}\omega\cos(\beta_1)-\dfrac{1}{2}I_{\mathrm{s,1\omega}}R_{\mathrm{m}}\sin(\beta_1)+U_{\mathrm{s}}\sin(\gamma) \\[3mm] U_{\mathrm{D2}}=0 \\[2mm] U_{\mathrm{Q2}}=0 \end{cases} \tag{7-27}$$

并且有

$$
\begin{cases}
U_{\mathrm{m,dc}} = A_0 N U_{\mathrm{cap,0}} - \dfrac{A_{\mathrm{dc}} A_1 I_{\mathrm{s,1\omega}} N}{4 C_{\mathrm{SM}} \omega} \sin(\alpha_1 - \beta_1) + \dfrac{A_1 A_2 I_{\mathrm{s,1\omega}} N}{16 C_{\mathrm{SM}} \omega} \sin(\alpha_1 - \alpha_2 + \beta_1) \\[3mm]
U_{\mathrm{m,1\omega}}^{\mathrm{D}} = -A_1 N U_{\mathrm{cap,0}} \cos(\alpha_1) + \dfrac{A_0 A_1 I_{\mathrm{dc}} N}{3 C_{\mathrm{SM}} \omega} \sin(\alpha_1) - \dfrac{A_1 A_2 I_{\mathrm{dc}} N}{12 C_{\mathrm{SM}} \omega} \sin(\alpha_1 - \alpha_2) \\[3mm]
\qquad - \dfrac{\left(24 A_0^2 + 3 A_1^2 - 4 A_2^2\right) I_{\mathrm{s}} N}{48 C_{\mathrm{SM}} \omega} \sin(\beta_1) \\[3mm]
U_{\mathrm{m,1\omega}}^{\mathrm{Q}} = A_1 N U_{\mathrm{cap,0}} \sin(\alpha_1) + \dfrac{A_0 A_1 I_{\mathrm{dc}} N}{3 C_{\mathrm{SM}} \omega} \cos(\alpha_1) + \dfrac{A_1 A_2 I_{\mathrm{dc}} N}{12 C_{\mathrm{SM}} \omega} \cos(\alpha_1 - \alpha_2) \\[3mm]
\qquad - \dfrac{\left(24 A_0^2 + 3 A_1^2 - 4 A_2^2\right) I_{\mathrm{s,1\omega}} N}{48 C_{\mathrm{SM}} \omega} \cos(\beta_1) \\[3mm]
U_{\mathrm{m,2\omega}}^{\mathrm{D}} = -A_2 N U_{\mathrm{cap,0}} \cos(\alpha_2) - \dfrac{A_1^2 I_{\mathrm{dc}} N}{6 C_{\mathrm{SM}} \omega} \sin(2\alpha_1) + \dfrac{A_0 A_2 I_{\mathrm{dc}} N}{6 C_{\mathrm{SM}} \omega} \sin(\alpha_2) \\[3mm]
\qquad + \dfrac{A_1 A_2 I_{\mathrm{s,1\omega}} N}{24 C_{\mathrm{SM}} \omega} \sin(\alpha_1 - \alpha_2 - \beta_1) - \dfrac{A_1 A_2 I_{\mathrm{s,1\omega}} N}{8 C_{\mathrm{SM}} \omega} \sin(\alpha_1 + \alpha_2 - \beta_1) + \dfrac{3 A_0 A_1 I_{\mathrm{s,1\omega}} N}{8 C_{\mathrm{SM}} \omega} \sin(\alpha_1 + \beta_1) \\[3mm]
U_{\mathrm{m,2\omega}}^{\mathrm{Q}} = A_2 N U_{\mathrm{cap,0}} \sin(\alpha_2) - \dfrac{A_1^2 I_{\mathrm{dc}} N}{6 C_{\mathrm{SM}} \omega} \cos(2\alpha_1) + \dfrac{A_0 A_2 I_{\mathrm{dc}} N}{6 C_{\mathrm{SM}} \omega} \cos(\alpha_2) \\[3mm]
\qquad - \dfrac{A_1 A_2 I_{\mathrm{s,1\omega}} N}{24 C_{\mathrm{SM}} \omega} \cos(\alpha_1 - \alpha_2 - \beta_1) - \dfrac{A_1 A_2 I_{\mathrm{s,1\omega}} N}{8 C_{\mathrm{SM}} \omega} \cos(\alpha_1 + \alpha_2 - \beta_1) + \dfrac{3 A_0 A_1 I_{\mathrm{s,1\omega}} N}{8 C_{\mathrm{SM}} \omega} \cos(\alpha_1 + \beta_1)
\end{cases}
\tag{7-28}
$$

根据待定系数法，等号两侧的"$\cos(k\omega t)$"以及"$\sin(k\omega t)$"的系数应相等。因此，可由式（7-26）导出等效方程组（7-29）

$$
\begin{cases}
U_{\mathrm{m,dc}} = U_{\mathrm{DQ0}} \\
U_{\mathrm{m,1\omega}}^{\mathrm{D}} = U_{\mathrm{D1}} \\
U_{\mathrm{m,1\omega}}^{\mathrm{Q}} = U_{\mathrm{Q1}} \\
U_{\mathrm{m,2\omega}}^{\mathrm{D}} = U_{\mathrm{D2}} \\
U_{\mathrm{m,2\omega}}^{\mathrm{Q}} = U_{\mathrm{Q2}}
\end{cases}
\tag{7-29}
$$

本节所提出的用于 MMC 型永磁直驱风电变流器稳态分析方法见图 7-3。从图 7-3 可以看出，要想求出 MMC 中各未知的电气量，只需要输入系统的运行工况，也就是风速。在已知 MMC 中的电容、电感以及 PMSG 中的磁链等参数时，就可以按照图示流程逐步计算出 MMC 中各未知的电气量。该分析方法基于所提出的连接 PMSG 的 MMC 的 *d-q* 框架数学模型，通过在 *d-q* 坐标系下将时变量转换为常量，简化了推导过程。

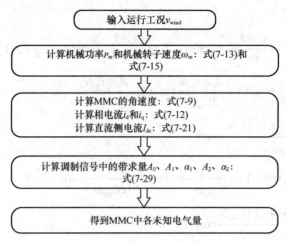

图 7-3　MMC 型永磁直驱风电变流器稳态分析方法

7.3　MMC 型风力发电能量变换系统的恒电容纹波控制策略

在 MMC 运行期间，桥臂电流将通过子模块电容器，这会导致电容电压波动。一般情况下，子模块电容电压纹波不应超过标称电容电压的 10%，否则，过电压会导致半导体和电容被击穿。因此，MMC 中通常需要配置大电容，来防止因子模块电容电压纹波过高而导致电容击穿，大电容不仅会增加设备成本，而且会增加换流器的占地面积。

通过对海上风电场分析发现，风电场中存在最高概率风速，基于 MMC 的风能转换系统大部分时间都在该风速下运行。然而，子模块电容器的电容是在最大风速下选择和设计的，这将导致成本和体积的浪费。研究表明，注入循环电流的二次谐波分量可以抑制子模块电容电压纹波，但现有研究尚未明确揭示环流注入值对子模块电容电压纹波的影响程度。

本节将提出一种 MMC 型永磁直驱风电变流器的恒电容电压纹波控制方法。首先分析了全直流风电场的运行情况，采用威布尔拟合方法得到了风电场风速-频率拟合曲线，并提出了最高概率风速的概念；然后分析循环电流注入对电容器电压纹波的影响，建立循环电流注入幅值和相角与电容电压纹波的关系；本节还基于循环电流和子模块电容电压纹波之间的关系提出了最佳注入幅值与最佳注入相角的概念，在最佳注入幅值和最佳注入相角下，可以使子模块电容电压纹波得到充分抑制。

7.3.1　恒电容电压纹波控制机理

对于基于风力发电能量变换系统的 MMC 子模块电容设计应考虑其实际运行条件，特别是风速的影响，因为风速会影响子模块电容的电压纹波和电压幅值。在传统方法中，MMC 子模块电容的设计是在相对较高的风速下进行的，并且会留有一定的安全余量。

　　图 7-4 是某风电场风速-频率的威布尔概率分布拟合曲线。从图中可以看出，该风电场的风速大部分时间保持在 8m/s 左右。将频率最高的风速定义为最高概率风速（Maximum Probability Wind Speed，MPWS）。在传统方法中，MMC 的子模块电容器是在最高风速下设计的，但在实际运行情况下，设备大部分时间都在最高概率风速下运行，这会造成一定的浪费。在此基础上，本节提出了一种新的子模块电容器设计方案，即在最高概率风速而不是最大风速下选择 MMC 的子模块电容器，这将大大降低子模块电容器的体积和成本。然而，这样做会带来一些问题。

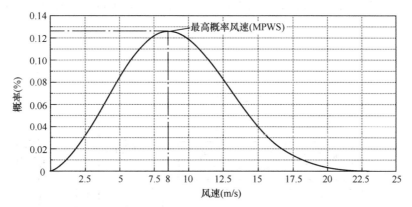

图 7-4　某风电场风速-频率的威布尔概率分布拟合曲线

　　图 7-5 是不同风速下子模块电容电压变化情况，从图中可以看出，子模块电容电压纹波随着风速的增大而增大。假设某风电场最大风速为 12m/s，最高概率风速为 8m/s，在传统方法中，子模块电容器是在最高风速下也就是 v_{wind}=12m/s 的工作条件下进行选择和设计的，这样可以保证设备安全可靠运行。本文提出的方法是在最高概率风速也就是 v_{wind}=8m/s 的工作条件下选择和设计子模块电容器，但是从图 7-5 中可以看出，如果按照 8m/s 的工况设计，当实际运行风速大于 8m/s 时，子模块电容电压纹波会超过设计规定的阈值，在高风速下运行时可能会出现电容击穿的风险。因此，需要采取一定的措施来避免该情况下子模块电容因电压纹波增加而产生击穿的风险。

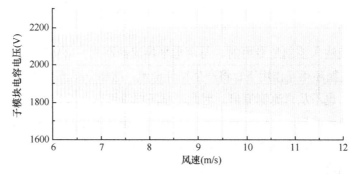

图 7-5　不同风速下的子模块电容电压变化情况

研究发现，在 MMC 中注入循环电流的二次谐波分量，可以在一定程度上减小子模块电容的电压纹波，从而避免由电压纹波上升引起的子模块电容器击穿。注入循环电流的二次谐波分量对子模块电容电压纹波的具体影响将在下一节中讨论。

7.3.2 循环电流二次谐波分量对子模块电容电压纹波的影响

基于比例积分（Proportional Integral，PI）的电流控制器可以实现恒电容电压纹波的基本风力控制，MMC 型永磁直驱风电变流器的恒电容电压纹波控制框图如图 7-6 所示。$i_{p.j}$ 和 $i_{n.j}$ 分别代表 j 相的上桥臂和下桥臂电流，$i_{cir.inj}$ 为所需要注入的循环电流的二次谐波分量。

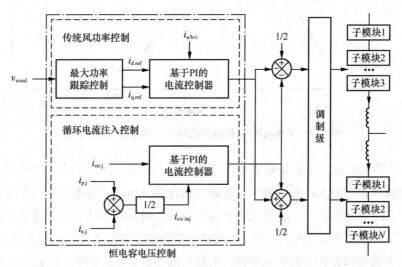

图 7-6 MMC 型永磁直驱风电变流器的恒电容电压纹波控制框图

从控制框图中可以看出，MMC 的恒电容电压纹波控制由两部分组成。一部分是传统的风力发电控制，另一部分是附加的循环电流注入控制。传统的风力发电控制采用了最大功率跟踪控制以及基于 PI 的电流控制，用于使风能转换系统在最大功率点运行，以此来最大化风能转换效率。

附加循环电流注入控制是专用的。与两电平换流器不同，MMC 中的桥臂电流会通过子模块电容器，在循环相互作用下，将产生循环电流，这部分电流会在 MMC 的内部循环，既不从交流侧流出也不从直流侧流出。因此，循环电流可以为改善换流器的性能提供新的控制变量。循环电流的控制类似于输出电流的控制，循环电流的参考值可以通过使用基于 PI 的电流控制器来跟随，在这种情况下，最关键的问题是计算循环电流注入控制系统中所需要注入的循环电流值。

所需注入的循环电流二次谐波分量的参考值可以采用传统计算。图 7-7 为不同风速和不同循环电流相角下子模块电容电压纹波值；图 7-8 为不同环流相角和幅值下的子模块电容电压纹波值。两图显示了不同因素影响下子模块电容电压纹波 $U_{c,\,rip}$ 的变化情况。计算过程中使用的 MMC 和 PMSG 的参数如表 7-1 和表 7-2 所示。

表 7-1　PMSG 参数列表

项目名称	参数值
额定容量	5MVA
额定频率 f	25Hz
额定风速 v_{wind}	12m/s
D 轴电感 L_{d}	5.3mH
Q 轴电感 L_{q}	12.5mH
最大磁通 λ_{m}	20Wb
极对数	100

表 7-2　MMC 参数列表

项目名称	参数值
额定容量	5MVA
直流电压 U_{dc}	±4000V
桥臂子模块数量	4
子模块电容 C_{SM}	5000μF
桥臂电感 L_{m}	3mH
载波频率 f_{c}	2500Hz

　　图 7-7 中，注入的循环电流二次谐波分量的幅值 I_{c} 为 100A，v_{wind} 为风速，θ_{c} 为循环电流二次谐波分量的相角，Z 轴表示 $U_{c,\,rip}$ 在不同环流相角和风速下的值。从图 7-7 可以看出，改变注入循环电流的相位角会对 $U_{c,\,rip}$ 的值产生较大的影响。这是因为注入的循环电流会影响电容电压纹波中谐波分量的相角，当子模块电容电压的基波、二次谐波分量和三次谐波分量同时达到最大值时，$U_{c,\,rip}$ 会很大。相反，当基波分量达到最大值，二次谐波分量和三次谐波分量同时达到最小值时，二、三次谐波分量可以抵消部分基波分量，在这种情况下，$U_{c,\,rip}$ 的值会变小。

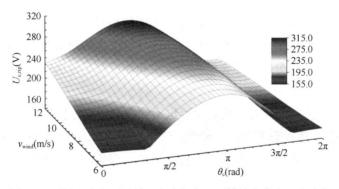

图 7-7　不同风速和不同循环电流相角下子模块电容电压纹波值

在图 7-8 中，风速 v_{wind} 为 12m/s，Z 轴表示不同注入环流相角和幅值下的子模块电容电压纹波 $U_{c, rip}$ 的变化情况。从图中可以看出，随着注入循环电流二次谐波分量幅值 I_c 的增加，注入循环电流二次谐波分量对子模块电容电压纹波 $U_{c, rip}$ 的影响显著增大。此外，在每个注入循环电流的幅值中总存在某个相角值，在该相角下注入循环电流的二次谐波分量时，会使子模块电容电压纹波 $U_{c, rip}$ 达到最小值，本文中将该相角定义为最佳注入相角。

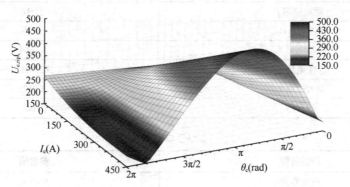

图 7-8　不同环流相角和幅值下的子模块电容电压纹波值

从图 7-7 和图 7-8 所示的子模块电容电压纹波随风速、环流注入幅值、环流注入相角的变化情况中，可以得到以下两条结论：

（1）注入循环电流二次谐波分量可以减少或增加 MMC 子模块电容电压纹波的波动程度。因此，会存在许多循环电流二次谐波分量的参考值可以来抑制子模块电容电压纹波，应该有一个规则来选取适当的参考值。

（2）注入循环电流二次谐波分量的相角 θ_c 是影响环流注入效果的关键因素。从图 7-8 可以看出，注入循环电流二次谐波分量对子模块电容电压纹波的抑制作用只发生一个较窄的区间内。也就是说，为了使环流注入的对子模块电容电压纹波的抑制作用达到最佳，应准确选择注入循环电流二次谐波分量的相角 θ_c。

7.3.3　环流注入的幅值和相角对子模块电容电压纹波的影响

从 7.3.2 节得出的结论可以看出，环流注入的幅值和相角会对子模块电容电压纹波的抑制效果产生较大的影响。因此，只有合理地选择环流注入的幅值和相角才能充分抑制子模块电容电压纹波。本节将分别从环流注入的相角和幅值对子模块电容电压纹波的影响开展分析。

首先，对环流注入的相角对子模块电容电压纹波的影响进行分析。

如 7.3.2 节所述，注入循环电流二次谐波分量的每个幅值都有对应的最佳相角，可以使注入的循环电流对电容电压纹波有最好的抑制效果；因此，应在最佳相角下注入循环电流的二次谐波分量。

最佳相角的精确值可以通过以下两个步骤来获得：

（1）基于提出的 MMC 稳态分析方法，可以在不同循环电流二次谐波分量幅值下，计算环流相角在 0 到 2π 区间变化时，子模块电容电压纹波 $U_{\mathrm{c,rip}}$ 的值。

（2）经过步骤（1）的计算后，可以得到子模块电容电压纹波在不同注入循环电流二次谐波分量幅值和相角下的变化曲线，以此可以确定不同注入环流注入幅值下的最佳相角。

不同风速下，不同环流相角和幅值下的子模块电容电压纹波见图 7-9。在图 7-9（a）中，A_1、B_1、C_1、D_1 分别为注入环流幅值为 135A 时，不同风速下的注入环流最佳相角；图 7-9（b）中，A_2、B_2、C_2、D_2 分别为注入环流幅值为 165A 时，不同风速下的注入环流最佳相角。

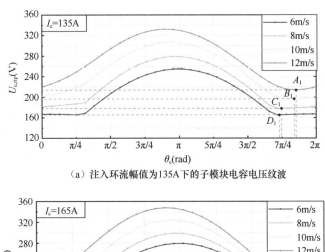

（a）注入环流幅值为135A下的子模块电容电压纹波

（b）注入环流幅值为165A下的子模块电容电压纹波

图 7-9　不同环流相角和幅值下的子模块电容电压纹波

从图 7-9 中可以看出不同注入环流相位角下，子模块电容电压纹波的变化趋势。并且可以看出，在各个风速和不同注入循环电流幅值下都存在一个最优的注入环流相角。在此相角下进行环流注入可以使子模块电容电压纹波达到最小，该相角就是 7.3.2 中所定义的最佳相角。

图 7-10 为风速等于 12m/s 时不同注入环流相角下子模块电容电压纹波，注入循环电流幅值为 165A。从图中可以看出，当注入环流的相角为 5.783 时，子模块电容电压纹波被抑制到 208.524V。因此，在风速 v_{wind}=12m/s 的运行工况下，当注入循环电流的幅值为 165A

时，对应的最佳相角为 5.783。

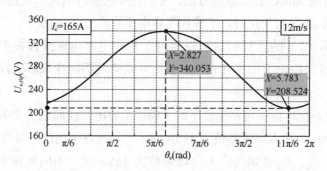

图 7-10   风速等于 12m/s 时不同注入环流相角下子模块电容电压纹波

基于第 2 章建立的稳态分析模型，通过改变运行风速以及注入环流幅值等条件，可以得到如图 7-11 所示的不同风速下的环流注入最佳相角。

图 7-11 为注入循环电流分别为 135A 和 165A 时，不同风速下对应的注入环流的最佳相角。从图中可以看出最佳相角在不同风速以及注入环流幅值下的变化趋势，最佳相角的变化趋势为随着风速增加先缓慢下降，然后有一定程度的上升。随着注入环流幅值的增加，最佳相角也会发生变化，例如在图 7-11 中，当注入环流幅值为 135A 时，最佳相角为 5.271，对应的风速为 7.32m/s；当注入环流幅值为 165A 时，最佳相角为 5.332，对应的风速为 8.13m/s。

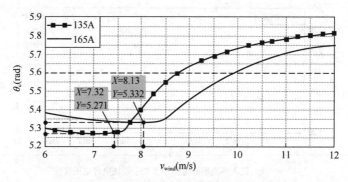

图 7-11   不同风速下的环流注入最佳相角

图 7-12 为最佳相角下不同风速时的子模块电容电压纹波。从图中可以看出，随着风速的增加，注入循环电流的二次谐波分量对子模块电容电压纹波的抑制效果越来越明显。例如，在风速为 8m/s 的条件下，如果不注入循环电流的二次谐波分量，子模块电容电压纹波 $U_{c, rip}$=203.1V，当注入环流幅值为 135A 和 165A 时，子模块电容电压的纹波 $U_{c, rip}$= 177.9V；在风速为 12m/s 的条件下，如果不注入循环电流的二次谐波分量，子模块电容电压纹波 $U_{c, rip}$= 254.8V，当注入环流幅值为 135A 和 165A 时，子模块电容电压的纹波分别为 $U_{c, rip}$=205.7V 和 $U_{c, rip}$=197.3V。

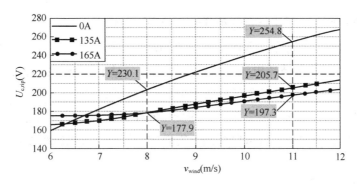

图 7-12　最佳相角下不同风速时的子模块电容电压纹波

此外，从图 7-12 中可以看出，在风速相同的情况下，当注入环流的幅值发生改变时，对子模块电容电压纹波的抑制效果也会不同。这是因为除了注入循环电流的相角以外，注入循环电流的幅值的不同也会影响对子模块电容电压纹波的抑制效果，下面讲具体分析注入循环电流幅值的变化对子模块电容电压纹波的影响。

前义分析了不同风速和注入循坏电流幅值卜对应的最佳相角，除了注入循环电流的相角之外，注入循环电流的幅值也会影响子模块电容电压纹波。因此，选择合适的注入循环电流的幅值同样重要。

图 7-13 为不同注入循环电流幅值下子模块电容电压纹波，表示了在注入循环电流最佳角度下，不同风速时的子模块电容电压纹波随注入循环电流幅值变化的情况。

从图中可以看出，在风速较低时，如果注入的循环电流幅值过大，不仅不会抑制子模块电容电压纹波，反而会引起子模块电容电压纹波的增加。例如，在风速为 6m/s 的工况下，注入循环电流的幅值 51.2A 时，子模块电容电压纹波为 149.7V；当注入循环电流的幅值为 152.3A 时，子模块电容电压纹波为 178.6V。这也说明了在图 7-13 中，当风速为 6m/s 时，注入循环电流相较于不注入循环电流时反而会使子模块电容电压纹波增加。

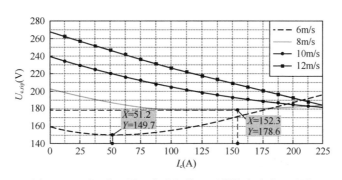

图 7-13　不同注入循环电流幅值下子模块电容电压纹波

通过对注入循环电流的相角和幅值对子模块电容电压纹波的影响分析，可以得到以下三点结论。

（1）注入适当的循环电流二次谐波分量可以抑制 MMC 的子模块电容电压纹波，且注入循环电流幅值和相角的变化会对这种抑制作用产生影响。

（2）在不同风速下，每个注入的循环电流幅值都有且只有一个对应的注入循环电流最佳相角。在此相角下注入循环电流二次谐波分量时，对子模块电容电压纹波的抑制作用最好。

（3）注入循环电流二次谐波分量幅值的变化同样会影响子模块电容电压纹波。所以通过改变注入循环电流的幅值，就可以得到所需要的子模块电容电压纹波。

7.4　仿真验证

从 7.3 节的分析可以看出，MMC 子模块电容电压纹波同时受注入循环电流二次谐波分量幅值和相角的影响。通过改变注入循环电流的幅值和相角可以控制子模块电容电压纹波。

在此结论的基础上，本章提出了一种 MMC 恒电容电压纹波控制方法。即在注入循环电流的最佳相角前提下，计算对应的注入循环电流二次谐波分量的幅值，使子模块电容电压纹波保持为一个恒定值。无论是在低风速运行还是高风速运行下，子模块电容电压纹波始终保持恒定。通过恒电容电压纹波控制，可以在所提出的最高概率风速下来设计和选择子模块电容器，并且不用担心在高风速工况下运行时因子模块电容电压纹波过大而导致电容器击穿，因为此时子模块电容电压纹波被控制在了一个恒定值，这样就可以大大减少设备的建设成本，提高系统的运行可靠性和经济性。

为了验证所提方法的有效性，在 MATLAB/Simulink 中搭建了 PMSG-MMC 仿真验证平台。PSMG 参数列表和 MMC 参数列表分别如表 7-1 和表 7-2 所示，风力发电系统额定容量为 5MVA。图 7-14 为不同运行风速工况下注入循环电流幅值计算结果。根据第 2 章提出的广义稳态分析模型，可以快速计算出不同风速下所需的注入环流最佳相角和注入环流幅值。

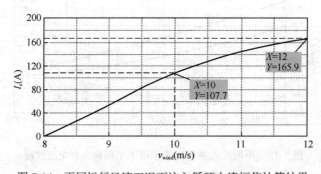

图 7-14　不同运行风速工况下注入循环电流幅值计算结果

设定该运行工况下的最高概率风速为 8m/s。从图 7-14 中可以看出，在风速 v_{wind}=10m/s 时，对应的注入环流幅值为 107.7A；在风速 v_{wind}=12m/s 时，对应的注入环流幅值为 165.9A。

需要注意的是，在该幅值下注入的循环电流二次谐波分量并不是对子模块电容电压纹波抑制效果最强时对应的幅值，而是使得子模块电容电压纹波与在风速 v_{wind}=8m/s 工况下运行时相同对应的幅值。即当风速从 8m/s 变化至 12m/s 时，子模块电容电压纹波始终保持恒定。

图 7-15 为注入循环电流二次谐波分量 $i_{cir,j}(t)$ 的实际波形，从图中可以看出，当风速小于最高概率风速（8m/s）时，此时子模块电容电压纹波小于电容器规定的安全运行值，所以不需要注入循环电流来抑制子模块电容电压纹波。随着实际运行风速 v_{wind} 的增加，为了保持子模块电容电压纹波与最高概率风速时恒定，所需注入的循环电流幅值是逐渐增加的，这与图 7-14 所得到的结论完全一致。

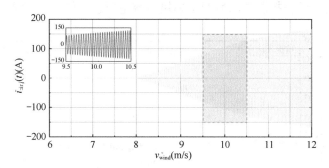

图 7-15　注入循环电流二次谐波分量 $i_{cir,j}(t)$ 的实际波形

风速和系统频率的变化如图 7-16 所示。2s 时风速 v_{wind}=6m/s。在 t=2～6s 期间，风速 v_{wind} 从 6m/s 增加到 12m/s。

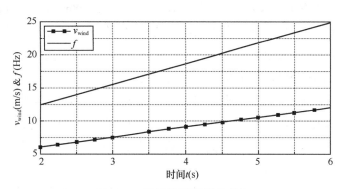

图 7-16　风速和系统频率变化

图 7-17 为传统方法下的子模块电容电压波形。在图 7-17 中，传统方法下注入循环电流二次谐波分量的值为 0，这意味着没有注入循环电流二次谐波分量。可以看出，在传统方法下，随着实际运行风速的增加，子模块电容电压幅值和电容电压纹波都会增加，当风速达到额定风速 v_{wind}=12m/s 时，子模块电容的电压幅值和电压纹波都会达到最大值。

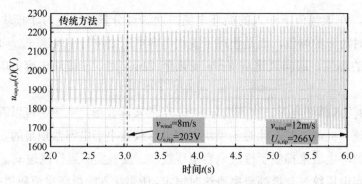

图 7-17　传统方法下的子模块电容电压波形

采用恒电容电压纹波控制方法后的子模块电容电压波形如图 7-18 所示。

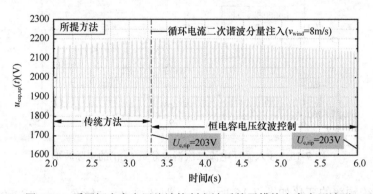

图 7-18　采用恒电容电压纹波控制方法后的子模块电容电压波形

　　在图 7-18 中可以看出，当风速小于最高概率风速（$v_{wind}=8m/s$）时，此时无须注入循环电流的二次谐波分量，所以子模块电容电压的波形和传统方法下完全一致。当实际运行风速大于最高概率风速时，采用恒电容电压纹波控制策略。即当 $v_{wind}>8m/s$ 时，通过注入对应的循环电流二次谐波分量，使子模块电容电压纹波保持恒定。

　　从图 7-18 中可以看出，在最高概率风速时，MMC 的子模块电容电压纹波为 203V，采用恒电容电压纹波控制后，当风速由 8m/s 变化至 12m/s 时，子模块电容电压纹波始终保持为 203V。此外，当采用恒电容电压纹波控制后，子模块电容电压的最大值相较于传统方法也有一定程度的减少。

　　图 7-19 为传统方法和所提出方法两种方法下的子模块电容电压纹波对比。

　　从图 7-19 中可以看出，在传统方法下，注入的循环电流二次谐波分量为 0，这也意味着此时没有环流注入。在这种情况下，当风速为 8m/s 时，子模块电容电压纹波为 203.09V，并且随着运行风速的增加而增加，当风速达到额定风速，即 $v_{wind}=12m/s$ 时，子模块电容电压纹波为 266V，达到最大值。

　　在采用恒电容电压纹波控制下，当风速达到最高概率风速，即 $v_{wind}=8m/s$ 时开始注入循环电流的二次谐波分量，使子模块电容电压纹波保持恒定。从图 7-19 中可以看出，随着风速的增加，子模块电容电压纹波一直保持在 203.9V，即使在额定风速下运行时，子模块电容电压纹波仍然可以保持恒定。

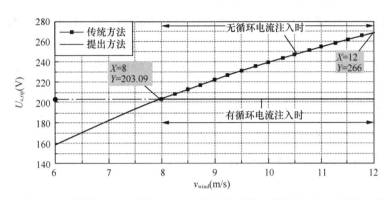

图 7-19　传统方法和所提出方法两种方法下的子模块电容电压纹波对比

从图 7-19 中可以非常清楚地看出恒电容电压纹波控制对子模块电容电压纹波的抑制效果。在传统方法下，当风速达到额定风速时，子模块电容电压纹波为 266V；在恒电容电压纹波控制方法下，当风速达到额定风速时，子模块电容电压纹波为 203.9V，与传统方法相比降低了 23.65%，结果表明，所提出方法在子模块电容电压纹波抑制方面是非常有效的。

综上所述，基于本章提出的恒电容电压纹波控制方法，可以在最高概率风速而不是最大运行风速下设计和选择子模块电容器的电容，避免因电容电压幅值和电容电压纹波过大而对子模块电容造成损坏。与传统方法相比，采用恒电容电压纹波控制时，可以使用电容更小的子模块电容器，可以大大节省设备成本，减小设备体积。

基于第 2 章建立的模块化多电平换流器的广义稳态分析模型，本章提出了一种 MMC 型永磁直驱风电变流器的子模块电容减小方法。该方法通过向 MMC 中注入循环电流的二次谐波分量来抑制子模块电容电压纹波，从而可以在最高概率风速的条件下选择和设计 MMC 的子模块电容。具体结论总结如下。

（1）针对现有运行条件下，MMC 的子模块电容器的设计有待优化这一问题，本章提出一种运行优化方法。通过向 MMC 中注入循环电流的二次谐波分量可以显著抑制 MMC 的子模块电容电压纹波。在这种情况下，可以在最高概率风速下进行子模块电容的设计和选择，优化 MMC 中子模块电容的成本和体积。

（2）注入循环电流的二次谐波分量会影响 MMC 子模块电容电压纹波，在不同风速下，每个注入循环电流的幅值都有对应的最佳相角，当在最佳相角下注入循环电流的二次谐波分量时，可以最大化地抑制子模块电容电压纹波。

（3）针对基于 PMSG-MMC 的风能转换系统，提出了一种恒电容电压纹波控制方法，该方法能显著降低子模块电容电压纹波，并且可以使子模块电容电压纹波维持在任意值。

结果表明，在风速 v_{wind}=12m/s 的工况下，采用该方法可显著降低子模块电容电压纹波，较传统方法降低 23.65%。

　　基于本章提出的方法，可以在系统运行时使用电容较小的子模块电容器，从而降低设备的成本、体积和重量。需要注意的是，在传统运行方式下，在 MMC 发出有功功率时，由于有交直流能量交换因此会产生直流电流，并在桥臂电流中产生直流分量。通常以 MMC 满发有功时的桥臂电流峰值作为桥臂电流额定运行电流峰值，此时桥臂电流由直流电流及基波交流电流合成得到，因此如果进一步引入降电容电压波动的二次谐波分量必将提高桥臂电流峰值，因此无法引入循环电流的二次谐波分量。但是在实际运行情况中，当 MMC 非满发有功功率时，由于直流电流较小，因此桥臂电流仍然留有裕量，可以进一步引入循环电流的二次谐波分量来降低子模块电容电压纹波。

参 考 文 献

[1] 吴斌, 等. 风力发电系统的功率变换与控制[M]. 北京: 机械工业出版社, 2012.

[2] 徐政. 柔性直流输电系统 [M]. 北京: 机械工业出版社, 2016.

[3] Yaramasu V., Wu B., Sen P. C. et al. High-power wind energy conversion systems: State-of-the-art and emerging technologies[J]. Proceedings of the IEEE, 2015, 103(5): 740-788.

[4] Zhang L., Zou Y., Yu J. et al. Modeling, control, and protection of modular multilevel converter-based multi-terminal HVDC systems: A review[J]. CSEE Journal of Power and Energy Systems, 2017, 3(4): 340-352.

[5] Dennetière S., Saad H., Clerc B. et al. Setup and performances of the real-time simulation platform connected to the INELFE control system[J]. Electric Power Systems Research, 2016, 138: 180-187.

[6] 郭春义, 赵成勇, Montanari A, 等. 混合双极高电压直流输电系统的特性研究[J]. 中国电机工程学报, 2012, 32(10): 98-104.

[7] 汤广福. 基于电压源型换流器的高压直流输电技术[M]. 北京: 中国电力出版社, 2010.

[8] 宋强, 饶宏. 柔性直流输电换流器的分析与设计[M]. 北京: 清华大学出版社, 2015.

[9] Lu W, Ooi B T. Multiterminal LVDC system for optimal acquisition of power in wind-farn using induction generators[J]. IEEE Transactions on Power Electronics, 2002, 17(4): 558-563.

[10] Asplund G, Eriksson K, Svensson K. DC transimission based on voltage source converter[C]. CIGRE SC14 Colloquium, South Africa, 1997.

[11] Z. Liu, K. -J. Li, J. Wang, W. Liu, Z. Javid and Z. -d. Wang. General Model of Modular Multilevel Converter for Analyzing the Steady-State Performance Optimization[J]. IEEE Transactions on Industrial Electronics. 2021. 68(2): 925-937.

[12] 杨晓峰, 林智钦, 郑琼林, 等. 模块组合多电平变换器的研究综述[J]. 中国电机学报, 2013, 33(6): 1-15.

[13] 韦延方, 卫志农, 孙国强, 等. 适用于电压源型换流器型高压直流输电的模块化多电平换流器最新研究进展[J]. 高电压和技术, 2012, 38(5): 1243-1252.

[14] Raju M. N., Sreedevi J., P Mandi R. et al. Modular multilevel converters technology: a comprehensive study on its topologies, modelling, control and applications[J]. IET Power Electronics, 2019, 12(2): 149-169.

[15] Debnath S., Qin J., Bahrani B. et al. Operation, control, and applications of the modular multilevel converter: a review[J]. IEEE Transactions on Power Electronics, 2015, 30(1): 37-53.

[16] Priya M., Ponnambalam P., Muralikumar K. Modular-multilevel converter topologies and applications-a

review[J]. IET Power Electronics, 2019, 12(2): 170-183.

[17] 陈珩, 等. 电力系统稳态分析[M]. 北京: 中国电力出版社, 2007.

[18] 高冲, 贺之渊, 王秀环, 等. 厦门±320kV 柔性直流输电工程等效试验技术[J]. 智能电网, 2016, 4(03): 257-262.

[19] 陈东, 乐波, 梅念, 等. ±320kV 厦门双极柔性直流输电工程系统设计[J]. 电力系统自动化, 2018, 42(14): 180-185.

[20] 刘智杰. 模块化多电平换流器广义稳态分析模型及其应用研究[D]. 济南: 山东大学, 2020.

[21] 徐政. 交直流电力系统动态行为分析[M]北京: 机械工业出版社, 2004.

[22] 屠卿瑞, 陈桥平, 李一泉, 等. 柔性直流输电系统桥臂过流保护定值配合方法[J]. 电力系统自动化, 2018, 42(22): 172-180.

[23] 王金玉. 基于 MMC 的柔性直流输电稳态分析方法及控制策略研究[D]. 济南: 山东大学, 2017.

[24] Wu D., Peng L. Analysis and suppressing method for the output voltage harmonics of modular multilevel converter[J]. IEEE Transactions on Power Electronics. 2016, 31(7): 4755-4765.

[25] Li X., Song Q., Liu W., et al. Performance analysis and optimization of circulating current control for modular multilevel converter[J]. IEEE Transactions on Industrial Electronics. 2016, 63(2): 716-727.

[26] Wang J., Liang J., Gao F., et al. A closed-loop time-domain analysis method for modular multilevel converter[J]. IEEE Transactions on Power Electronics. 2017, 32(10): 7494-7508.

[27] Oliveira R., Yazdani A. An enhanced steady-state model and capacitor sizing method for modular multilevel converters for HVDC applications[J]. IEEE Transactions on Power Electronics. 2018, 33(6): 4756-4771.

[28] Vasiladiotis M., Cherix N., Rufer A. Accurate capacitor voltage ripple estimation and current control considerations for grid-connected modular multilevel converters[J]. IEEE Transactions on Power Electronics. 2014, 29; 29(9; 9): 4568-4579.

[29] 王姗姗, 周孝信, 汤广福, 等. 模块化多电平 HVDC 输电系统子模块电容值的选取和计算[J]. 电网技术. 2011, 35(01): 26-32.

[30] Vasiladiotis M., Cherix N., Rufer A. Accurate capacitor voltage ripple estimation and current control considerations for grid-connected modular multilevel converters[J]. IEEE Transactions on Power Electronics. 2014, 29; 29(9; 9): 4568-4579.

[31] Ilves K., Norrga S., Harnefors L. et al. On energy storage requirements in modular multilevel converters[J]. IEEE Transactions on Power Electronics, 2014, 29(1): 77-88.

[32] P. Bakas, Y. Okazaki, A. Shukla, S. K. Patro, K. Ilves, F. Dijkhuizen, and A. Nami, "Review of hybrid multilevel converter topologies utilizing thyristors for HVDC applications," IEEE Trans. Power Electron., vol. 36, no. 1, pp. 174-190, Jan. 2021.

[33] T. H. Nguyen, K. A. Hosani, M. S. E. Moursi, and F. Blaabjerg, "An overview of modular multilevel converters in HVDC transmission systems with STATCOM Operation during pole-to-pole DC short

circuits," IEEE Trans. Power Electron., vol. 34, no. 5, pp. 4137-4160, May 2019.

[34] Z. Liu, K. Li, J. Wang, Z. Javid, M. Wang, and K. Sun, "Research on capacitance selection for modular multi-level converter," IEEE Trans. Power Electron., vol. 34, pp. 8417-8434, 2019.

[35] C. Wang, L. Xiao, C. Wang, M. Xin, and H. Jiang, "Analysis of the unbalance phenomenon caused by the pwm delay and modulation frequency ratio related to the CPS-PWM Strategy in an MMC System," IEEE Trans. Power Electron., vol. 34, pp. 3067-3080, 2019.

[36] C. Zhao, Y. Li, Z. Li, P. Wang, X. Ma, and Y. Luo, "Optimized design of full-bridge modular multilevel converter with low energy storage requirements for HVDC transmission system," IEEE Trans. Power Electron., vol. 33, pp. 97-109, 2018.

[37] G. Liu, Z. Xu, Y. Xue, and G. Tang, "Optimized control strategy based on dynamic redundancy for the modular multilevel converter," IEEE Trans. Power Electron., vol. 30, pp. 339-348, 2015.

[38] Z. Liu, K. -J. Li, J. Wang, Z. Javid, M. Wang, and K. Sun, "Research on capacitance selection for modular multilevel converter," IEEE Trans. Power Electron., vol. 34, no. 9, pp. 8417-8434, Sep. 2019.

[39] Y. Tang, M. Chen and L. Ran, "A Compact mmc submodule structure with reduced capacitor size using the stacked switched capacitor architecture," IEEE Trans. Power Electron., vol. 31, no. 10, pp. 6920-6936, Oct. 2016.

[40] Q. Song, W. Yang, B. Zhao, J. Meng, S. Xu, and Z. Zhu, "Low-capacitance modular multilevel converter operating with high capacitor voltage ripples," IEEE Trans. Ind. Electron., vol. 66, no. 10, pp. 7456-7467, Oct. 2019.

[41] X. Li, Q. Song, W. Liu, S. Xu, Z. Zhu, and X. Li, "Performance Analysis and Optimization of Circulating Current Control for Modular Multilevel Converter," IEEE Trans. Ind. Electron., vol. 63, no. 2, pp. 716-727, Feb. 2016.

[42] M. Hagiwara, I. Hasegawa, and H. Akagi, "Start-Up and Low-Speed Operation of an Electric Motor Driven by a Modular Multilevel Cascade Inverter," IEEE Trans. Ind. Appl., vol. 49, no. 4, pp. 1556-1565, Jul. 2013.

[43] B. Li, S. Zhou, D. Xu, R. Yang, D. Xu, C. Buccella, and C. Cecati, "An Improved Circulating Current Injection Method for Modular Multilevel Converters in Variable-Speed Drives," IEEE Trans. Ind. Electron., vol. 63, no. 11, pp. 7215-7225, Nov. 2016.

[44] B. Li, S. Zhou, D. Xu, S. J. Finney, and B. W. Williams, "A Hybrid Modular Multilevel Converter for Medium-Voltage Variable-Speed Motor Drives," IEEE Trans. Power Electron., vol. 32, no. 6, pp. 4619-4630, Jun. 2017.

[45] M. Huang, J. Zou, X. Ma, Y. Li, and M. Han, "Modified Modular Multilevel Converter to Reduce Submodule Capacitor Voltage Ripples Without Common-Mode Voltage Injected," IEEE Trans. Ind. Electron., vol. 66, no. 3, pp. 2236-2246, Mar. 2019.

[46] Liu Z, Li K, Sun Y, et al. A steady-state analysis method for modular multilevel converters connected to

permanent magnet synchronous Generator-Based Wind Energy Conversion Systems[J]. Energies, 2018, 11(2): 461.

[47] 丁冠军, 丁明, 汤广福. 新型多电平 VSC 子模块电容参数与均压策略[J]. 中国电机工程学报, 2009, 29(30): 1-6.

[48] 李探, 赵成勇, 王朝亮, 等. 用于电网黑启动的 MMC-HVDC 系统换流站启动策略[J]. 电力系统自动化, 2013, 37(9).

[49] Wang P, Zhang X P, Coventry P F, et al. Start-up control of an offshore integrated MMC multi-terminal HVDC system with reduced DC voltage[J]. IEEE Transactions on Power Systems, 2016, 31(4): 2740-2751.

[50] 刁冠勋, 李文津, 汤广福, 等. 适用于风电并网的模块化多电平柔性直流启动控制技术[J]. 电力系统自动化, 2015, 39(5): 81-87.

[51] A. K. Sadigh, S. H. Hosseini, M. Sabahi, and G. B. Gharehpetian, "Doubleflying capacitor multicell converter based on modified phase-shifted pulsewidth modulation," IEEE Trans. Power Electron., vol. 25, no. 6, pp. 1517-1526, Jun. 2010.

[52] Oliveira R., Yazdani A. An enhanced steady-state model and capacitor sizing method for modular multilevel converters for HVDC applications[J]. IEEE Transactions on Power Electronics. 2018, 33(6): 4756-4771.